北京公园分类及标准研究

北京市公园管理中心
北京市公园绿地协会 编

文物出版社
2011年7月

封面设计：张希广
责任印制：陈　杰
责任编辑：冯冬梅

图书在版编目（CIP）数据

北京公园分类及标准研究／北京市公园管理中心，北京市公园绿地协会编．－北京：文物出版社，2011.7

ISBN 978－7－5010－3193－1

Ⅰ.①北…　Ⅱ.①北…②北…　Ⅲ.①公园－分类－研究－北京市　Ⅳ.①TU986.5②G246

中国版本图书馆 CIP 数据核字（2011）第 120614 号

北京公园分类及标准研究

北京市公园管理中心
北京市公园绿地协会　编

文物出版社出版发行
（北京东直门内北小街 2 号楼）
http://www.wenwu.com
E－mail:web@wenwu.com

北京市达利天成印刷有限公司印刷
新　华　书　店　经　销
850×1168　1/32　印张：4
2011 年 7 月第 1 版　2011 年 7 月第 1 次印刷
ISBN 978－7－5010－3193－1　　定价：20.00 元

北海公园

圆明园遗址公园

什刹海公园

奥林匹克公园

八达岭国家森林公园

北京国际雕塑园

汉石桥湿地公园

菖蒲河公园

目　录

导言　迎接公园城市时代的到来

进入新世纪以来，工业化与城市化进一步发展，城市的规模不断扩大，城乡间的距离逐步拉近，城市与公园的格局随之变化：城市化初期，公园在城市中呈散点状分布，是城市的有机组成部分；经过多年的建设和发展，公园数量和规模都有了较大的提高，众多公园在城市空间中形成系统和网络并成为地域中心，在城乡可持续发展中发挥着助推器的作用，公园城市时代正在到来。

一　从城市公园时代到公园城市时代

回顾历史，可以发现，自从公园出现，人们就在思考一个问题，即如何在城市无限扩张的情况下，使人们在这一人造环境下保持“自然感觉”。随着城市、公园的发展，人们最终发现，“公园城市”是解决城市无限扩张情况下保持城市自然环境的唯一可能。

公园城市时代既是新时代公园发展的新现象，也是城市公园发展的必然结果。

早在 19 世纪中叶，欧姆斯特德原则的出现和美国纽约中央公园的建造，孕育了“公园城市”的理念。

在欧姆斯特德看来，城市规模的发展，必然导致高层建筑的扩张，最终，城市将会演变成一座大规模的人造墙体。为了在城市规模扩大以后，还能有足够的面积使市民在公园中欣赏自然式的风景，欧姆斯特德设计的纽约市中央公园面积多达843公顷，南北跨越第5大道到第8大道，东西跨越59街到106街。巨大的公园规模，保证了纽约中央公园把可能出现的城市墙体远隔在公园之外。

1920年，建筑大师勒·科布西耶（Le Corbusier）认为，他理想中的未来城市应该是："坐落于绿色之中的城市，有秩序疏松的楼座，辅以大量的高速道，建在公园之中。"①

1958年，毛泽东以诗人的理想主义大胆地提出"大地园林化"的号召。从某种角度上讲，这一口号是毛泽东对未来"公园时代"的一种朦胧想象。

1995年，《世界公园大会宣言》指出："都市在大自然中。21世纪的城市内容，应把更多的公园汇集在一起，创造新的公园化城市……21世纪的公园必须动员社区参与，即动员公众和专业人员共同参与才能实现。"

随着社会的发展，世界上逐渐出现了在社会、经济、文化或政治层面能够直接影响全球事务的城市，即"世界城市"。公园作为城市不可或缺的组成要素，在世界城市中占有重要的地位。公园具有完善的网络体系，发挥着保存传播文化、改善生态、大众休闲等作用②。

---

① 1933年，《雅典宪章》规定，城市的居住、工作、游憩、交通等四大功能应该协调和平衡。新建居住区要预留出空地建造公园、运动场和儿童游戏场；人口稠密区，清除旧建筑后的地段应作为游憩用地。1977年，《马丘比丘宪章》规定："现代建筑不是着眼孤立的建筑，而是追求建成后环境的连续性，即建筑、城市、园林绿化的统一。"

② 作为世界城市之一，东京拥有公园3000多个，形成巨大的公园体系。

二　建设公园城市的条件

公园城市时代是社会发展的必然趋势，是衡量一个城市发展水平的标志，是人类建设宜居城市的目标。这个目标不仅考虑到园林的功能和生态效果，是更高层次的城市发展模式，而且也是公园发展的最终目标。建设公园城市需要创造必要的条件：

（一）较高的经济发展水平

在经济发展水平较低的情况下，解决人民温饱问题是社会发展的主要议题，城市公园的规划、建设力度亦受制于经济发展水平，公园管理处于维持的状态。1958 年 2 月，城建部第一次全国城市绿化工作会议提出：城市绿化必须结合生产的工作方针，要求城市绿化的重点不是先修大公园，而是发展苗圃，普遍植树。这一方针的提出，反映了新中国成立初期中国经济水平严重制约公园建设发展的实际情况。

从世界发达国家建设公园城市的发展道路来看，人均 GDP 达到 10000 美元之后才能成为可能。随着改革开放的深入，我国经济进入快车道，经济规模不断扩大，人民收入屡创新高。经济的发展，为我国部分城市进入公园城市时代提供了坚实的物质基础。在这种形势下，一些城市先后提出了建设“公园城市”的目标，深圳成为建设公园城市的先行者。2008 年，深圳市人均 GDP12932 美元，先后建成公园 575 座，全市公园绿地达到 13870 公顷，城市与公园完美地融合在一起，使深圳基本走进了“公园城市时代”。

作为国际大都市的北京，2008 年，人均 GDP 达 9000 美元；2009年，人均GDP达10000美元。目前已有1200多个公园绿地遍布北京，形成了覆盖全市的公园绿地系统，构成了城市位于公园体系之中的基本面貌，为“公园城市”的建设和发展奠定了良好的基础，同时也为之成为世界城市的建设提供了良好的条件。按照《绿色北京行动计划》的要求，北京即将迎来“公园城市”的时代。

（二）完善的法律法规体系

从发达国家的经验看，公园自诞生之日起，就相继建立了系统的公园法规。英国1872年就制定了《公园管理法》，日本1956年颁布了《城市公园法》，以保障公园事业健康有序地发展。

为了保证公园事业的发展，我国先后出台了一系列法律法规。1992年，国务院发布了《城市绿化条例》，用以指导全国各地城市的公园绿化工作，这是我国尚未制定公园法之前公园工作的基本法规。从1985年《全国城市公园工作会议纪要》到2002年《关于加强城市绿化的通知》，我国先后制定了《风景名胜区条例》、《城市绿化管理办法》、《国家重点公园管理办法》、《国家城市湿地公园管理办法》、《城市古树名木保护管理办法》等一系列法律法规。

这些法律法规明确了公园的地位和作用，并指出：公园是改善生态环境和提高广大人民群众生活质量的公益事业；加强和改进城市绿化规划编制工作；编制公园事业发展规划及实施计划等；公园建设应列入城市国民经济与社会发展计划，在资金上保证建设的顺利进行；城市园林绿化在国民经济中形成了独立的产业，具有为其他产业和人民生活服务的性质，因此，从产业性质上来说，公园行业属于第三产业等等。

在国家法律法规的指导下，各省市先后制定出台了一些地方公园（管理）条例用以指导本地的公园建设和管理工作，《北京市公园条例》就是在这种情况下于2002年产生的。

（三）健全完善的管理机构

健全完善的管理机构是保证公园正常发展的基本条件，也是城市进入公园时代的保证。没有健全的公园管理机构，就无法统筹公园发展建设和管理的全局。在欧美国家，公园由专门设立的部门——公园局进行管理，自成系统。

北京市委、市政府高度重视公园事业的发展，早在新中国成立之初，就成立了专门机构负责公园管理：1949年2月，北平市人民政府公用局设公园管理科；1950年5月，北京市人民政府公园管理委员会成立，统一各公园的管理工作①；1953年6月，北京市人民政府将公园管理委员会与建设局园林事务所合并，成立北京市人民政府园林处。1955年2月，经北京市人民委员会第一次会议批准，北京市园林局正式成立，负责全市的公园工作。2006年，作为北京调整园林绿化管理体制改革的重要内容，北京市公园管理中心正式成立。在市委、市政府的领导下，北京市公园管理中心负责全市重要公园的建设和管理，积极在建设“国家首都、国际城市、文化

① 北京市人民政府公园管理委员会直属人民政府，是北京市最早的独立公园管理机构。同年6月21日，全体委员会召开，指出“目前，各园经营方针，应该是在自给自足的原则下，进行重点恢复和建设。”11月，北京市政府批示，“各公园自1951年起应全部自给自足，不另供给。”因此，北京市公园管理委员会，既是政府机关，又是经营实体，需要经营商业、农业及相关产业，解决生存问题。

名城、宜居城市”中发挥作用。

北京市公园管理中心成立4年以来，根据市委、市政府的要求，在公园的宏观管理方面进行了深入的探索，摸索出一套合乎北京公园发展的管理模式，在北京乃至全国公园行业中发挥了不可替代的典范作用。

（四）公园管理理论体系的形成和发展

随着公园行业的不断发展，公园管理的理论也在不断深化。近年来，北京的公园在历史名园保护、推动城乡发展、文化建园、建设和谐公园等方面进行了积极的理论研讨，取得了丰硕的理论成果，在全国公园行业产生了积极的影响，也为公园城市时代的发展奠定了理论基础。

（五）公园行业的形成

随着公园规模的扩大和发展，建设管理任务日益繁重，北京市从20世纪80年代后期就把全市公园作为一个行业来管理，成立了新的管理机构，建立了行业协会，开展了创建文明公园行业的活动，不仅推动了公园事业的发展，而且在首都精神文明建设中发挥了重要的作用。2002年，北京公园行业被评为规范化服务达标行业；2004年，被评为首都文明行业。

公园行业的形成，推动了公园事业的发展，促进公园拓展工程、绿地改造工程、公园美丽工程、鲜花笑脸工程、文化活动工程、文明展示工程、明星打造工程、和谐创造工程、理论提升工程等九大工程向更高层次发展。

三　公园城市时代的特点

（一）公园的规模和数量是城市进入公园城市时代的基础

拥有一定规模和数量的公园，是城市进入公园城市时代的特点，也是衡量该区域是否进入公园时代的标志。

在城市的发展规划中，首先要确立公园的布局和数量，留足和拓展公园发展的空间，特别是注重城市中心区公园的规划和建设，通过旧城区的改造和产业结构的调整，凡是能够建设公园的地方，都应当建造适合城市发展的大、中、小规模不等的各类公园；对一些具有园林性质的寺庙、故居、王府等逐步改造提升为公园；新建居住区和小区建设一批有相当规模的社区公园；现有的绿地、林地、隔离带等逐步实施提升工程，改造成为公园。

《北京市公园条例》第十条规定："本市应当积极保护、利用历史名园，发展建设大、中型公园，并注重建设小型公园。"在城市公园的规划与建设中要考虑大、中、小型公园合理分布，使其形成互相联系的公园网络，充分发挥各自的功能。根据国内外公园建设的理论和经验，本研究认为，大、中、小型公园的标准如下：

大型公园是指面积在50公顷以上的公园，主要发挥城市整体生态和举办大型活动的功能；中型公园是指面积介于20公顷到50公顷之间的公园，主要在一定区域内起到生态和承办相应文化活动的功能；小型公园是指面积在20公顷以下的公园，主要为周边居民提供生态和休闲功能。

（二）公园的发展和建设成为社会的共同价值观

随着社会的进步，人们的生活质量不断提高，对幸福和幸福指数的理解也相应发生改变，人们的生活诉求从解决温饱向全面提高生活质量发展。政府决策机关和市民的理念基本成熟，文化建园、生态建园的理念深入人心。

公园的发展和建设得到全社会的普遍关注，不仅是政府关注的重点，也成为社会团体和公众共同关注的焦点。人们逐渐清晰地认识到公园在提高人们生活质量中发挥的作用，在选择居住环境时，更加重视周边是否有公园和绿化配套。不仅如此，越来越多的集体和个人也参与到公园的建设中，企业参与公园建设、明星认养公共绿地，2006 年北京首次开展公众推选北京景观之星的活动。并将评选出的 10 名景观之星的手模和事迹用铜版镶嵌在红色景石上，建成世界上第一条景观大道。这些行为反映出了“公园城市时代”的显著特征。

（三）公园成为人们的第三度生活空间

进入公园城市时代，公园成为人们在居住空间、工作空间之外的第三度空间，是人们生活中不可缺少的组成部分。

公园是创造的结晶，是规划者、建造者、管理者共同创造的艺术品，是祖国大好河山的缩影，是爱国教育的良好场所，它所创造的和谐生活空间，奉献给人们的健康系数和幸福指数是其他事物所无法比拟的。

由于公园景观优美、空气新鲜，特别是随着人们休闲时间的增多和老龄化社会的到来，人们在公园中休憩娱乐、健体强身、参观游览成为生活的重要组成部分，人们花在公园中活动的时间越来越多，使公园形成人流、气流、景观流的聚会。

此外，在创建和谐社会的进程中，公园也发挥着举足轻重的作用。公园不仅是人们健身休闲的场所，更是社会交际的重要空间，人们在公园里交流信息，增进感情，增强了人们的社会归属感，拓展了精神生活的空间。据统计，北京市公园一年大约接待2.5亿游客，2007年仅北京市部分重要公园售出公园年票就达150多万张，可见公园已经成为人们除居住、工作之外的又一个重要空间。

（四）公园成为地域中心，促进城乡发展

在公园城市时代，公园不仅是人们休闲健身的场所，更发展成为地域中心，具有相当的辐射力和影响力，其良好的生态环境引来了客商投资，带动了周边房地产业的快速发展，拉动房地产增值，同时，提供了更多的就业岗位，带动了就业率提升等一系列变化，对于促进城乡发展、加快城乡一体化、带动经济繁荣起到了积极作用。

公园的作用和综合影响力日益凸显，如北京东城区提出"天坛文化圈"的新理念，围绕天坛这座聚宝盆做发展经济和提升文化的文章；北京地坛庙会、龙潭湖庙会、香山红叶节、北京植物园桃花节等也都极大地聚集了人气，成为知名的文化活动品牌，创造了良好的经济效益和社会效益，带动了周边相关产业的发展，促进了区域经济的发展。

（五）公园是城市尊严的象征

公园是城市形象的重要标志，代表了城市的历史和文化，是展示城市发展、城市性格的窗口，是国际交往的舞台。

作为城市尊严的象征，北京公园拥有较高的知名度和美誉度，彰显着城市气质和文化底蕴，从而成为举办重大国际、国内活动的场所。天坛、颐和园、北海是北京公园的代表，尤其是天坛已经成为北京的符号，成为北京市民精神世界的象征。第29届北京奥运会会徽从天坛祈年殿走向世界，残奥会火炬在祈年殿点燃以及奥运会马拉松赛跑穿越天坛，现代竞技与中华民族传统文化的交融，展现了北京作为文明古都的深厚底蕴；奥林匹克公园的建设，向世人展示了中国形象，鸟巢、水立方不断出现在媒体之上。随着奥运会的举行，北京奥林匹克公园名扬世界，为全球所熟知。如今，北京奥林匹克公园已经成为北京的一张名片。

四　迎接公园城市的到来

盛世兴园。进入21世纪，中国的综合国力日渐强盛，国际地位日益提升。国兴，市兴，则园兴，北京公园事业也迎来了飞速发展的时期，各类公园如雨后春笋层出不穷。北京的城市建设和发展促进了北京公园的发展，公园的发展也促进了城市建设的进步和提升。

在经济、社会高速发展的大背景下，公众对公园的关注度不断提高，政府主导建公园，各行各业造公园，人居环境盼公园，建筑空间仿公园，“公园热情”在京城各处涌动。2009年北京全年绿化投入了20多亿资金，达到了上一个五年计划北京绿化投入的总和。

近些年，北京的公园城市建设有了很大的发展，不仅拥有了完善的法律法规体系和健全完善的管理机构，形成了公园管理理论体系，公园达到了一定的规模和数量，而且公园的发展和建设也成为了社会的共同价值观，成为了人们的第三度空间，公园成为地域中心，不仅促进了城乡发展，同时也成为城市尊严的象征，标志着一个公园城市时代正向人们走来。

没有良好公园的社区不是宜居的社区，没有良好公园的城市不是宜居的城市，没有建设公园意识的领导不是好的领导，这已经成为社会的共识。公园的发展是由人民生活需求的推动、经济发展的驱动、城乡发展的拉动，北京公园发展的迅猛趋势前所未有，也是非常值得关注的大事。在这股公园发展潮流当中，难免存在一些不规范的行为和反应过度的现象，因此，给予公园科学的分类和恰当的界定成为必要，有利于公园事业的发展、建设和管理。

本文对以往北京公园分类进行系统回顾，在综合分析国内外公园发展历史的基础上，立足于北京市公园的历史和现状调研，针对目前公园管理中存在的实际问题，对全市公园进行全面系统的梳理归纳，对既往分类和标准进行理论分析和综合研究，在此基础上提出了新的分类方法和标准。

文化是公园的灵魂，公园是文化的载体，公园在传承优秀文化中发挥着不可替代的作用，同时，文化也是公园区别于绿地、绿化、林业、林地、森林、农业等概念的特点。本课题的分类原则更多地从公园的文化内涵出发，在借鉴传统分类方法的基础上，既考虑到了分类的科学性、严肃性，又考虑到和国际分类方法接轨。

中共北京市委十届七次全会中提出了建设“世界城市”的北京城市发展目标，北京公园在世界城市的建设过程中势必显现出独特的功能和价值。公园城市时代理应是北京建设世界城市的重要标志之一，北京公园的分类研究将对建设世界城市起到积极推动作用。

第一章　北京公园分类及标准研究的背景和意义

一　北京公园分类及标准研究的背景

近年来，北京公园数量增多，公园功能趋于多样化、国际化，原有的公园分类及标准已经不再适合形势的发展，急需重新对新形势下公园分类及标准进行新的研究和探讨，确保公园行业的科学发展和服务功能的有效发挥。

（一）公园行业的新格局，要求对公园进行分类管理

新中国成立 60 多年来，在市委、市政府的重视下，北京的公园事业取得了有目共睹的显著成绩。据史载，1949 年新中国成立时，北京对外开放的公园只有 7 个；到了 1979 年，北京公园数量增加到 42 个；2002 年，北京公园发展为 199 个；至 2009 年，北京拥有各种公园绿地的数量已经达到了 1000 余个。

不仅如此，随着城市的发展、人民生活水平的提高、休闲方式的变化、政府及学界对自然遗产的重视，古迹保护公园、文化主题公园、现代城市公园、社区公园、地质公园、森林公园、湿地公园、滨河公园、广场公园、休闲农业园如雨后春笋般涌现，标志着北京“公园城市时代”

的到来。北京公园的新格局，需要学术调研、制度建设和措施制订，对不同公园进行分类管理，并成为亟待解决的重要课题。

（二）全球旅游业的蓬勃发展，要求探索新的公园行业管理模式

党的十七大报告中指出："中国发展离不开世界，世界繁荣稳定也离不开中国。"在国际交流与合作日益加强的今天，国际形势的变化直接影响到我国各行各业的发展。据"首都之窗：政务信息"提供的数据：2010 年北京旅游总人数 1.84 亿人次，接待入境过夜旅游者 490.1 万人次，同比增长 18.8%；外汇收入 50.44 亿美元，同比增长 15.8%。作为中国传统文化的重要传播窗口、国际文化交流的重要参与者，中国公园行业尤其是北京公园行业，面临着前所未有的机遇和挑战。如何展现北京公园的特色，并在管理方面与世界公园行业发展接轨，成为需要重视和解决的现实问题。

（三）北京奥运会的成功举办，为北京公园的发展创造了良好的契机

2008 年，第 29 届奥林匹克运动会在北京成功举办，使北京迅速成为世人关注的焦点，北京公园也成为人们了解北京、了解中国的重要途径。蕴含深厚历史文化内涵的历史名园、展示现代都市生活风貌的现代城市公园，成为游人汇聚的重要场所，给游览北京的各国友人留下了深刻印象。北京奥运会的召开，不仅推动了北京公园的发展，也进一步推动了北京公园走向国际舞台，如何使公园的本土化与国际化更好接轨，需要认真进行研究。

（四）北京建设“世界城市”的发展目标，为公园发展提出了新的目标

中共北京市委十届七次全会提出了建设“世界城市”的北京城市发展目标。世界城市是城市发展的最高阶段，不仅在经济、政治、文化领域具备全球性影响力，而且在空间、环境、社会等领域完美和谐。如何发挥历史文化名城的优势，发挥传统文化的特色，不断增强城市魅力，推动北京世界城市的建设，促进北京公园行业的快速发展，是今后一个时期的重要任务。

二　北京公园分类及标准研究的意义

（一）科学合理的公园分类，是促进公园可持续发展的基础

在北京公园发展过程中，过去已经探索出一套行之有效的公园管理模式，但是，随着北京公园事业的发展，依然沿用旧有的统一模式管理，已经不能跟上北京公园发展的步伐，不利于北京公园事业的可持续发展，对公园进行分类管理势在必行。

公园是按照人类的审美要求，将自然因素和人文因素艺术组合而创造的休闲空间。在这个空间里，公园秩序的维持、游客服务、公园文化及美学的研究与传播、公园内二次消费产业的发展，都具有公园行业独有的特点。这些特点，在历史名园、遗址保护公园和现代城市公园的管理和发展之中，表现得尤其突出，也是公园有别于绿地的基本特点。

通过对不同类型公园的特点进行分析，做出新的分类，明

确各公园的独特属性，明确管理目标和保护对象，明确公园内外资源的独有价值和整体价值，保证北京公园事业的健康发展，使公园行业在建设“和谐北京”的过程中发挥最大的作用，是公园可持续发展的必由之路。

（二）实行公园分类是北京公园行业新的理论探索

在北京公园行业长期建设发展过程中，形成了一系列独具特色的公园理论。在新形势下，总结各类公园的特点，对公园进行新的分类，探索新的公园管理模式，既是公园发展的现实需要，也是公园行业发展理论探索的延续。

2003 年 1 月 1 日，北京市发布并实施了《北京市公园条例》。《条例》第一章第六条规定：“对本市公园实行分类管理。本市公园的等级、类别，由市园林行政主管部门按照有关规定确定并公布。”北京市园林局根据《条例》规定，制定了《关于本市公园分级分类管理办法（暂行）》，在公园建设管理工作中发挥了积极作用。

（三）北京公园分类对实现北京城市定位具有重要意义

《北京城市总体规划（2004—2020）》将未来北京的发展定位为“国家首都、国际城市、文化名城、宜居城市”。随着“后奥运时代”的到来，北京市政府又适时地提出了建设“人文北京、科技北京、绿色北京”的城市发展理念。在这种形势下，作为城市基本要素的北京公园如何发挥作用，向什么样的方向发展，成为公园行业需要回答的问题。通过公园分类和相关标准的拟定，有助于科学规划公园发展，实施科学有效的保护和管理，为群众提供休闲娱乐、文化健身等全方位的服务，在建设“国家首都、国际城市、文化名城、宜居城市”方面发挥不可替代的作用。

（四）公园分类研究是北京市公园管理实践经验的总结

随着政府职能的转变与改革的深化，2006 年 3 月，北京市公园管理中心成立①。中心成立以后，在公园分类管理方面进行了不断的探索和创新。

2006 年，北京公园建立一百周年，北京市公园管理中心和北京市公园绿地协会共同举办了“北京公园百年辉煌展”。展览通过多种形式，系统展示了一百年来北京公园的发展，对北京公园进行了分类展示，这是对北京公园分类的初步探索。

2009 年，中华人民共和国成立 60 周年，也是北京公园事业飞速发展的 60 年。为了总结、展示新中国成立以来北京公园的发展历程和成就，让市民了解、热爱北京公园，北京市公园管理中心和北京市公园绿地协会联合主办了“北京公园 60 年辉煌展”②。此次展览在公园分类方面进行了进一步探索，展示了北京各类公园在不同历史时期取得的辉煌成就。

在总结历史经验的前提下，对北京公园分类及标准进行研究，是北京市公园管理中心和北京市公园绿地协会在新形势下对公园理论的创新，对全市公园在新时期的发展、管理和保护必将起到积极的促进作用。

---

① 公园中心直辖颐和园、天坛、北海、中山、香山、北京动物园、北京植物园、紫竹院、陶然亭、玉渊潭、景山等 11 家公园。

② 展览是新中国成立以来，北京市举办的内容最为全面、规模最为宏大的、专门展示全市公园发展建设成就的展览。展览共展出 300 张图片、5 个大型沙盘、数十件文物、数百册书籍、画册和大量的图表、数据，系统地介绍了北京公园的发展历程和所取得的成就，受到广大参观者的好评。

第二章　公园的历程

公园是人类进入大工业时代的产物。从其出现到今天，公园已经走过了近200年的历史。以史为鉴，回顾公园发展的历史，梳理公园的发展脉络，把握公园发展的规律，结合当前公园的实际情况，建立适合公园发展的管理机制，是一项非常必要的工作。

一　传统社会私人休闲空间的营造与发展

园林是城市化的产物。城市的出现和发展，使得接近自然成为人们的追求。统治者在特别圈定的区域内修造建筑，作为自己享乐和狩猎的私人空间，这就是人类社会最初的园林。

园林最早出现于西亚。巴比伦人在林木茂盛的地方建造城堡，农田、林地间饲养飞禽走兽，外围则用城垣或篱笆与外界分割。中国西周时期建造的“囿”也是这种营造模式。商朝末年，周文王建造“灵囿”，其中建有灵台，生活着鹿鸟等各种动物。《诗经》记载说：“王在灵囿，麀鹿攸伏，麀鹿濯濯，白鸟翯翯。”

可见，人类早期的园林具备休闲、祭祀、瞭望等多重功能，生产功能在园林中占据重要的位置，休闲娱乐的功能还处在萌芽状态。

随着历史的发展和人们园林审美能力的提高，园林建设有了较大的发展。由于地理环境、物种条件和审美意识的不同，欧洲园林建设以规则式为主，中国园林则以模拟自然环境为主。数千年的历史中，东西方建造了一大批具有较高艺术价值的皇家园林和私人园林。现存的西方园林如凡尔赛宫苑、枫丹白露宫苑、汉普顿宫苑，中国园林如颐和园、北海、拙政园、何园等都是古典园林的杰出代表。

私家园林是私人营建的休闲空间，是供园主与家人休闲娱乐的私人场地，一般不会对公众开放，只有在一些特定的时间，在主人的允许下，大众才可以进入参观。在这些特殊的时间里，这些允许私人参观的园林就具备了“公园”的性质。

寺观园林是古代园林的重要组成部分。出于营造宗教神圣气氛的目的，僧人对寺观进行适当的绿化，在建筑、树木和各种景点的配合下，寺观就具备了园林的环境。参观者以香客的身份进入寺观，欣赏美景。由于寺观实现了游客的无身份差别参观，因此，可以说，具备园林效果的寺观也较多地具备了“公园”的性质。

又如古代中国，人们在一些特殊的节日聚集到一些特定的地方举办活动。比如，每年三月“上巳”①，人们聚集到水边洗除病气，祈福求子。随着时代的发展，“上巳”活动又陆续增加了曲水浮卵、曲水浮枣、曲水流觞等游戏。于是，“上巳”就从祈求平安的民俗活动转变成为民众的集体娱乐，而“上巳”这天举办活动的河边也就具备了“公共风景区”的性质。唐代诗人杜甫在《丽人行》中写道：“三月三日天气新，长安水边多丽人。”反映的就是唐朝长安“上巳”日人们结队

① 这种活动于三月上旬的一个巳日举行，故称“上巳”。曹魏以后，这个节日固定在三月三日。

游玩的情形。明清二代，北京居民在端午节这一天涌到天坛，祈求避毒，也称作踏青①，端阳节的天坛也就具备了“公共风景区”的性质。一些风景优美的地区，经常聚集大量的人们游览休闲，据史料记载，唐、宋时代的杭州西湖，明、清时代的北京瓮山泊，都因为风光旖旎，时常游人如织。

传统园林的发展，为近代公园的出现奠定了基础，也为近代公园的建设提供了良好的借鉴。对于特殊时间向公众开放的园林和寺观、公共风景区来说，它们都具备了“公园”的性质，但是，它们毕竟不是近现代意义上的公园，只有当人类进入资本主义社会、出现“公共资源”这一概念时，真正意义上的公园才出现。

二　世界公园发展历程

（一）私园开放时代

17 世纪中叶，英国爆发了资产阶级革命，推翻了封建王朝，建立起土地贵族和资产阶级联盟的君主立宪政体。资产阶级以“自由、平等、博爱”为口号宣传革命，并最终取得了革命的胜利。资产阶级取得政权后，没收了封建领主和皇室的财产，并把大大小小的宫苑和私家园林对公众开放。

这些向公众开放的休闲娱乐空间，被统称作“Public Park”。之所以称其为“Public Park”，正是要强调这种开放空间具备的“公共性”。英国伦敦拥有 8 处皇家公园，如肯辛顿公园、海德公园、绿园、圣詹姆斯园、摄政公园等，在伦敦市中

① 沈榜《宛署杂记》载：“端阳，士人相约携酒果游赏天坛松林……名踏青。”

心，几乎连成一片。随后，资产阶级革命席卷欧洲，各国的皇家园林也先后对外开放。法国将布劳林苑和樊尚林苑整片开放，德国则将皇家狩猎园梯尔园改造成对公众开放的公园。

虽然，这些皇家林苑实现了对公众的开放，具备了“公园”的性质，但是，从整个园林的设计原则和建造内容上来看，这些原本为私人营建的园林与现代为公众建造的公园还是存在着较大的差别。

1810 年，英国设计师 John Nash 在王室的地产上规划了雷金斯公园。雷金斯公园的布局，采用自然风景式设计①。公园中有开阔的草地、自然式种植的树丛、蜿蜒的小径和自然弯曲的湖岸，与传统的贵族庄园很是相似。

雷金斯公园是第一座为大众建造的公园，因此，它是一座真正的公园，但是，从它的建造风格上看，雷金斯公园体现的仍旧是英国传统的造园艺术。

（二）公园创建时代

随着近代工业的发展，城市环境受到污染，工人体质受到恶劣环境的影响普遍下降，甚至出现大量工人早死的现象。为了保证熟练工人的数量，工厂主和企业家提出，应该关心工人的身体情况。在这种情况下，1833—1843 年间，英国议会先后通过了一系列法令，允许使用公共资金或者税收改善城市的下水道、环境卫生系统、建造公园，从而促进工人体质的改

① 英国是欧洲大陆与中国交往较早、也较为频繁的国家。从中国回国的传教士、商人，对中国文明充满羡慕的介绍，引起了英国人的注意，尤其是中国模拟自然的造园方式与当时欧洲盛行的规则式造园模式迥然不同。在中国造园方式的影响下，结合英国人的审美和英国本地的地形、树木种类，英国造园专家创造出了英国式的“自然风景式园林”。

善。这些法令的通过，预示着“城市公园”时代的到来。

1843 年，伯肯黑德市政府率先贯彻了英国政府改善城市环境的法令。为了配合公园建设，市政府购买了 226 公顷难以耕作种植的土地，并将其中的 125 公顷用于建造公园。

公园规划由 Joseph Paxton 负责。Joseph Paxton 设计的公园内建造了供游人进行板球和射箭活动的草坪，此外，公园里还建造了弯曲的马车道、不规则的湖面和穿越树丛间的幽深小道，挖湖堆土造成了起伏的地形。为了方便游客的往来，公园建有通道与主要街道相连。

公园的建设，大大改善了公园周边地区的环境，房地产的价格随之拉升，这样，就使得市政府的投入获得了财政上的回报。Joseph Paxton 在伯肯黑德公园设计中的成功，使他成为知名人士，不少城市的新建公园都请他设计。

美国是新兴的国家，没有传统园林的建设历史。在最初的城市建设中，也很少考虑到园林或者公园对于城市生活的作用，所以，18 世纪的美国城市很少建有公园。至 19 世纪初，美国人才开始在城市广场上植树。在没有公园的时代，到乡村墓地游览，观赏绿色，放松心情，成为美国城市居民生活的一大内容。

在城市居民游览休憩需求的推动下，美国人开始重视公园在城市生活中的作用。19 世纪中叶，美国人展开了关于公园建造的讨论。经过讨论，人们认为，公园不仅可以改善城市公共卫生，为市民提供呼吸新鲜空气休闲和锻炼场地，公园的自然风光还可以净化空气和振奋人的精神，有助于道德修养的提高。1851 年 7 月，纽约州议会通过了第一个《公园法》，对公园用地的购买、公园建设组织化等进行了规定。在这样的背景下，美国城市公园的建造，就成为必然的事情。1858 年，纽约市政府通过了由欧姆斯特德设计的纽约公园设计方案。

欧姆斯特德设计的纽约市中央公园面积多达843公顷，公园的建设采用回游式环路和波状小径相结合，有四条园路与城市街道立体交叉相连，使人在园内散步、骑马、驾车与城市交通互不干扰。

对于公园建设，欧姆斯特德提出了应该坚持的六项原则①。欧姆斯特德造园“六原则”的提出和中央公园的成功建造，标志着近代公园建设开始走进成熟期，公园建设开始在理论指导下进行。在纽约中央公园的引领下，世界各国的公园建设迅速发展起来。

19世纪初，美国西进运动和西部大开发如火如荼地展开，当地的印第安文明、野生动植物以及荒野生态受到极大的冲击，很多物种面临着灭绝的危险。1832年，美国艺术家乔治·卡特林提出：“政府通过一些保护政策，设立一个大公园，其中有人，也有野兽。所有的一切都处于原生状态，体现着自然美。”1870年，亨利·瓦虚探险队抵达这一地区，并对这里的情况进行了广泛的报道。他们积极呼吁建立保护区，以免这里沦为私人开发的牺牲品。

1871年，在大众的督促下，美国地形地质测量队派出科学家前往勘查。次年，美国国会经过激烈辩论，通过了《黄石国家公园法案》，并在当年的3月1日由总统签署命令。

法案规定，公园的性质为“人民的权益和享乐的公园或游乐场”，禁止进行私人开发。从黄石国家公园开始，建立国家公园保护原生态物种与文化，成为公园建设的又一潮流。

---

① 欧姆斯特德造园“六原则”：（1）保护自然景观，在某些条件下，自然景观需要加以恢复和进一步强调；（2）除了在非常有限的范围内，尽量避免使用规则式；（3）保持公园中心的草地和草坪；（4）选用乡土树种，特别用于公园周边稠密的种植带中；（5）道路应是流畅的曲线，呈环状布局；（6）全园以主要道路划分区域。

近代中国远远落后于世界发达国家，这种落后也反映在公园建设方面。直到19世纪中叶，中国最早的公园才出现在外国人聚集的租界内。

上海是当时外国人势力最为集中的地区，随着外国人数量的不断增多，建造公园供外国人游赏，成为在沪外国人的要求。1862年，由上海外国商人组织的“上海娱乐事业基金会”宣布在黄浦江、苏州河交界处的一片滩地上建造公园。

1868年，占地2.03公顷的外滩公园建成开放，但是，这座公园主要对外国在沪居民开放，受雇于外国人的华人可以入园，而其他中国人则被排斥在公园之外。显然，外滩公园这种规定违背了公园应有的“公共性”原则。因此，外滩公园还算不上是“真正意义”的公园。

随后，外国人在中国租界先后建造了一批公园，如1902年上海的虹口公园、1906年哈尔滨的董事会花园、1908年上海的法国公园、1917年天津的法国公园等。

随着租界公园的出现，城市内建造公园的思想逐渐被国人接受。1905年，无锡几位士绅集资建造了“锡金公花园”，这是中国第一家国人自建的公园。1907年，北京农事试验场附属公园对外开放。1911年，成都少城公园对外开放。

1911年，辛亥革命爆发，推翻了封建帝制，如何处理皇族资产成为一个必须解决的课题。在世界建设公园的大背景下，在先进人士的推动下，将皇族园林对外开放成为一种必然的趋势。

在这种形势下，一些城市也纷纷建造或开辟了自己的公园。1913年，汉口建华公司租赁刘园（私家园林），经重新修缮后，对外开放；1916年，武昌建造了首义公园，纪念武昌打响辛亥革命的第一枪；1918年，中央公园、黄花岗公园在广州建成开放。

20世纪二三十年代，中国民族资本主义的发展，带动了城市经济的发展和城市规模的扩大，公园建设成为城市发展的要求。在这种背景下，一批近代城市公园先后建成。

1923年，汉口建造了西园；1928年，兴建了市府公园；1929年，建造了爱国花园。

1925年，长沙在市南城垣最高处的天心阁故址开辟天心公园；1929年，在园内增建动物园；1932年增加儿童园。同期，市政府还规划建设革命纪念园、长沙第一园、河岸公园、水陆洲公园。

1927年，厦门华侨集资在城东北建造中山公园，占地面积13公顷。公园采用自然山水园式布局建造，内建博物馆、运动场、陈列所、影剧场等，这使厦门中山公园成为当时国内设备配套最为健全的公园。

1928年，南京设立了公园管理处，先后兴建了秦淮小公园、白鹭洲公园、莫愁湖公园、五洲公园、鼓楼公园和秀山公园。

30年代初，在国内城市公园建设实践和西方建设公园运动的影响下，上海、南京、汉口等地一些有识之士呼吁辟建公园，开展高尚娱乐，以期达到“有利于社会建设心理建设和物质建设，增进个人自利利他之观念，减少消极伤感之人生观，并有助于维持秩序，减少罪恶，保全健康，预防灾害，普及社会教育，调剂都市功利主义，提高土地价值，促进工商业发展”的目的。

就在中国公园面临绝好发展机遇，准备一展身手的时候，1937年，日本发动了侵华战争。1937年至1945年，在国难当头的特殊时期，国内的公园建设被迫停顿下来。

三　清末民国时期的北京公园

1906年，清政府农工商部上书光绪皇帝，请求兴办农事试验场，征集西直门外的乐善园、继园及周边官地 56.9 公顷，作为基础用地，得到光绪皇帝的批准。1907 年，农事试验场基本竣工。同年 6 月，农事试验场附设的万牲园（今北京动物园前身）向公众开放，成为北京第一个公园①。

1911 年，清帝溥仪退位，中国在名义上结束了帝制时代，进入共和时代，北京各皇家园林及坛庙先后对公众开放，成为北京最早的一批公园。

表一　1949 年前北京市公园开放情况②

原名	开放时间（年）	今称	备注
农事试验场	1907	北京动物园	曾称西郊公园、万牲园
先农坛	1912	城南公园	现为体育场及古代建筑博物馆
天坛	1913	天坛公园	1918 年 1 月 1 日起，售票开放
社稷坛	1914	中山公园	曾称中央公园
太庙	1924	劳动人民文化宫	1928 年停办，1950 年辟为劳动人民文化宫
北海	1925	北海公园	1938 年 10 月 1 日，团城售票开放
地坛	1925	地坛公园	曾称京兆公园，1928 年，改成市民公园
清漪园	1928	颐和园	1751 年，定名清漪园；1888 年，更名颐和园
中南海	1928	中南海公园	1949 年后，为中国中央政府所在地

其后，由于各种原因，北京公园建设几乎陷入停滞不前的地步。1949 年，北平解放时，只有中山公园、北海、天坛、颐和园、西郊公园、太庙等 7 处公园和正义路、中华门、景山

① 一说位于东厂胡同的余园是北京第一个公园。

② 景长顺：《公园管理手册》，中国建筑工业出版社，2008 年。

东街、东长安街、公主坟等5处绿地仍在对外开放。

四 新中国成立后的北京公园

1949年，北京即开始着手研究城市规划方案，北京公园建设随之提到日程上来。60年来，北京公园的建设，大致可以分为三个阶段①。

（一）开拓发展阶段（1949—1978年）

新中国成立之初，百废待兴，政府背负了巨大的财政赤字。因此，中央政府提出了“不要四面出击”的战略方针，集中力量稳定政权、恢复经济。在这种背景下，政府对公园的投资较少，以接管、整顿旧有公园为主。

1949年2月，北平市人民政府公用局设公园管理科。从1950年起，先后接管了一系列名胜古迹和风景区。经过整修，碧云寺、八大处、香山、景山、十三陵、卧佛寺、潭柘寺等7个公园风景区渐次开放②。1951年，北京市人民政府确定以西郊公园（清农事试验场）为基础建设大规模动物园。

1953年，北京正式开始城市建设工作。配合城市建设，国家对公园绿化给予高度重视；同时，由于国家成功实施了第一个五年计划，各项事业发展较快，使公园投资成为可能③。

① 北京市园林局编制的《当代北京园林发展史1945—1985》分为四个阶段，李敏《中国现代公园——发展与评价》将其分为五个阶段，区别在于将《发展史》中确立的第一个阶段细分为两个阶段。

② 至此，全市开放的大公园风景区达到了13个。

③ 据统计，这一时期，北京市园林基建投资占城市公用事业基建投资比例上升到4.93%。

从1953年开始，北京先后建设了龙潭湖、陶然亭、紫竹院、东单、日坛、月坛等45处公园绿地，新增绿地面积970余公顷（含水面），大大改善了城市环境。同时，还积极进行了道路、河道绿化和城市防护林带的营建。1956年，经国务院批准，中国科学院植物研究所和北京市合作，在京西卧佛寺附近筹建北京植物园。

1958年，“大跃进”开始，毛泽东主席提出“大地园林化”的号召，国家对园林事业给予了相当的投资，公园行业获得了较大发展①。

1959年，中华人民共和国成立十周年。北京市园林局提出了以“迎接建国十周年，改变园林面貌”的口号，集中力量对人民大会堂、中国历史博物馆、中国革命博物馆、钓鱼台国宾馆等十大建筑和天安门广场、首都机场干道的绿化工作②。

随后，由于粮食供应紧张，1961年制定了“以绿化为主，大搞生产”的园林工作指导原则，开垦草地，种植粮食、蔬菜，并且利用水面进行养殖③。其后，政治运动逐渐影响公园建设。

1965年6月，建工部第5次城建会议指出：“公园绿地是群众游览休息的场所，也是进行社会主义教育的场所。”同年，北京市领导指示，要大量发展花卉，普遍铺草。“黄土不

---

① 1958年2月，城建部召开了第一次全国城市绿化工作会议，提出城市绿化必须结合生产的工作方针，提出城市绿化的重点不是先修大公园，而首先是发展苗圃，普遍植树。

② 1958—1960年，北京先后开辟了礼士路、南菜园、大郊亭、三里河三角地、安乐林等21处公园绿地，属于1958—1967年间公园建设的积极平稳期。

③ 1962年，公园建设口号转变为“以园林绿化为主，结合生产，加强管理，提高质量”。据统计，从1959—1962年，北京市园林局管辖公园绿地转耕地的高达285公顷。

露天”的口号，就是这时候提出来的。

1966 年，“文革”爆发，中国进入十年“文革”时期。在这 10 年中，以阶级斗争为纲，公园建设管理受到极大的冲击，处于停滞不前的状态①。1971 年，中华人民共和国在联合国合法席位得到恢复，随着中美两国外交关系正常化、中日两国邦交的建立，为了迎接尼克松和田中角荣等外国元首的来访，北京的公园建设工作重新得到重视，城市绿化、公园建设等方面有所好转。

（二）快速发展阶段（1979—1999 年）

70 年代以后，随着经济的发展，北京城市污染日益严重。人们开始重视公园改善生态的功能，认为公园是城市生活不可或缺的基础设施。

1977 年，世界沙漠会议在肯尼亚首都内罗毕召开，北京被列为沙漠边缘城市。这一消息传入国内，彻底惊醒了国人。1978 年，中共中央国务院把国土绿化、改善生态环境作为一项基本国策②。

1980 年，中央书记处对首都建设方针提出了四项指示，其中第二条指出：“改造北京市的环境，搞好绿化卫生，利用

---

① 据统计，“文革”10 年，全市公园绿地被非法侵占达 63 处，总面积近 500 公顷。

② 1978 年 12 月，国家城建总局召开第三次全国城市园林工作会议，指出：“我们现有的公园、动物园、植物园、风景区要进行整顿，提高科学和艺术水平，要真正能够发挥它的功能。”会议通过了《关于加强城市园林绿化工作的意见》，“要努力把公园办成群众喜爱的游憩场所。公园必须保持树木茂盛，整洁美观，设施完好。内容过于简陋，园林艺术水平较低的公园，要适当调整布局，充实花木种类，增设必要的服务设施，逐步改善园容。”1979 年，第五届全国人民代表大会常务委员会第六次会议规定，每年 3 月 12 日为全国植树节。

有山、有水、有文物古迹的条件，把北京建设成为全国环境最清洁、最卫生、最优美的第一流城市。”

在这一指示的指引下，北京市新建、改建、扩建了古城、团结湖、北滨河、莲花池、青年湖、玉渊潭、双秀等一系列公园，并开始修建圆明园遗址公园。

1983 年北京市第一次园林工作会议和 1985 年第二次园林工作会议分别制定了北京市园林工作目标和规划。第二次会议还提出了深化改革、转变园林绿化战略，建设大园林的号召，首都绿化事业、公园建设进入一个新高潮①。

这一时期的公园建设还出现了一种新的现象，一些来自非政府组织的资金投入到公园建设。1983、1984 年的宣武北滨河公园建设，就汇集了 272 个单位、团体及个人集资 200 余万元②。

1991 年 4 月 24 日，北京市第九届人民代表大会第四次会议批准了《北京市国民经济社会发展十年规划和第八个五年计划纲要》。《纲要》规定了北京市园林绿化 1991—2000 年发展规划和 1991—1995 年的主要任务，是为把北京建设成为古都风貌与现代特征相结合的清洁、优美、生态健全、经济繁荣、具有高度文明的现代化国际性城市而奠定基础③，10 年

① 其后，一批古建得到维修，一些新景区陆续建成开放，公园基础设施得以改善。1981 年，宋庆龄故居对外开放；1984 年，地坛公园对外开放。80 年代，新开辟的石花洞公园，是北方规模大、钟乳石品种多、层次多的天然溶洞。

② 1985 年，根据国家、集体、个人一齐上的方针，依靠多种力量发展苗木生产，绿化苗木花卉生产能力大大增加，保证了各项城市绿化的需要。1990 年，亚运会在北京召开，这是亚运圣火首次来到中国点燃。配合亚运会召开，30 多座体育场馆及相关街道绿化相继展开，极大地改善了北京的园林面貌。

③ 10 年中，要以山区绿化为重点，全面绿化宜林荒山，在风沙危害区植树造林，在浅山丘陵区建设林果基地，在主要干道和河流两旁逐步建成绿色走廊。到 20 世纪末，郊区林木覆盖率达到 40%，城市绿化覆盖率提高到 35%，人均公共绿地达到 7 平方米。

间，要以山区绿化为重点，同时，继续提高城市绿化水平……重点建设几个有特色的大公园，并形成一批小园林、小花园。经过10年的不懈努力，北京市完成了《纲要》规定的要求，公园建设取得了长足的进步。

（三）奥运提升阶段（2000年至今）

2001年7月13日，北京获得2008年奥运会的主办权。为了办好这届奥运会，北京奥组委提出了“绿色奥运、科技奥运、人文奥运”的口号，这为北京公园的发展提出了新的课题①。

为了配合2008年第29届奥运会在北京的召开，北京公园行业积极进取，全面提高公园建设和管理水平，北京公园行业进入了一个新的时期。

1.《北京市公园条例》的出台

2002年10月17日，北京市第十一届人民代表大会常务委员会第三十七次会议通过了《北京市公园条例》。2003年1月1日，《北京市公园条例》正式施行②。

《北京市公园条例》分六章六十一条，由总则、公园事业发展、建设与保护、管理与服务、法律责任等部分组成。《条例》明确了公园的概念，确定了园林主管部门的法律地位，确立了主要公园的执法权，并且，提出了保护历史名园和对“本市公园实行分级、分类管理”的规定。

---

① 改革开放之初，北京共有42个公园，2002年5月14日，北京进行首批公园注册。这时，北京注册公园有131处，是改革开放之初北京公园数量的3倍多。

② 《条例》是关于北京公园管理的地方性法规，《条例》划定的适用范围，包括本市行政区域内的公园、公园周边景观以及规划确定的公园用地。

《北京市公园条例》的颁布，是北京市公园发展史上的里程碑，填补了北京市公园法规方面的缺失，标志着北京市公园行业管理迈上了一个新的台阶，是公园走上科学化管理的标志。

2. 北京市公园管理中心的成立，标志着北京公园发展进入了一个新的阶段

2006 年 3 月 1 日，北京市公园管理中心（以下简称“中心”）成立，负责北京市市属公园及所属事业单位的人、财、物的管理。

中心成立之际，正是北京备战奥运的关键时期。中心紧抓迎接奥运的历史契机，确立了“八大战略”和“三步走”的战略目标，以“厕所革命”为突破口，全面提升公园管理水平。

公园管理中心还以奥运培训为契机，在直属公园职工队伍中全方位开展英语、手语、文明礼仪等方面的培训工作，开展岗位技能培训，组织岗位技能竞赛和奥运培训成果展示活动，全面提高了职工素质和业务水平。

奥运会期间，多位国家元首、外国运动员参观游览了颐和园、天坛、北海等公园，公园职工以良好的精神风貌、饱满的工作热情、专业周到的服务给中外游客留下了深刻的印象，受到各国游客的高度赞扬。

3. 奥运会促进公园迅猛发展

新世纪以来，北京市公园的发展形成了以政府为主导、群众广泛参与、企业积极加盟、城乡统筹、全面推进的态势，出现了前所未有的大好局面。在多种合力的推动下，北京公园的数量猛增，截止到 2008 年底，北京公园绿地数量达 1163 家之多[①]。特

① 据“北京公园 60 年辉煌展”统计数据。其中，在园林绿化局注册的公园有 180 处。

别是以奥林匹克公园为代表的现代城市公园的建成开放，标志着北京公园发展到一个新的历史阶段。

北京公园事业的发展，不仅体现在公园数量的增长上，同时也体现在公园理论的建设、历史名园的保护与发展、新建公园对传统文化的传承、区域特色的彰显等诸多方面。

为了推动公园建设、管理水平的提升，北京市开展了“精品公园创建活动”，自2002年开始，至2010年已经评选出74个精品公园。

公园数量的增长、绿化面积的增加、先进科学技术的运用、“以人为本”理念的实施及精品公园的创建，为北京实现“绿色奥运、科技奥运、人文奥运”的承诺作出了积极的贡献①。

4. 部分公园实行免票开放

2006年7月，紫竹院公园、南馆公园、人定湖公园、南苑公园、长辛店公园、八角雕塑公园、宣武艺园、万寿公园、团结湖公园、红领巾公园、日坛公园、丽都公园等12个公园开始向游客免票开放。

北京市委、市政府高度重视公园免票工作，在人力、财力上给予大力支持。王岐山副总理（时任北京市市长）和市委常委牛有成（时任北京市副市长）先后4次到紫竹院公园考察工作，对公园工作及免票工作给予重要指示。

---

① 新建的奥林匹克公园占地1135公顷，顺义水上公园占地300多公顷，朝阳公园内建造了奥运沙滩排球馆。这些新建场馆和公园为北京公园增添了奥运色彩。2008年8月6日，北京奥运圣火在天坛和地坛公园传递，紫竹院公园、日坛公园和世界公园为奥运会、残奥会期间游行集会的指定场所。北京公园成为奥运活动的重要舞台，在展示中华文明、弘扬传统文化、发扬奥运会精神方面起到了不可替代的作用。

公园免票后，公园管理坚持做到“五个不变、五个不降低”①，保证公园管理、服务质量与免费前保持一致。公园免票工作和公园管理、服务水平的保持受到社会的一致好评。

5. 全面提升管理水平

第29届奥运会在北京的召开，为北京公园行业的服务质量提出了更高的要求。为了在奥运期间向国内外友人展现北京公园最美好的形象，北京公园行业树立“游客至上、热情周到、顾全大局、注意细节”的行业作风，展示“优美环境、优良秩序、优质服务、优秀文化”的行业精神，积极投入到为奥运服务的热潮之中。

按照《北京奥运会窗口行业员工读本·公园风景区行业服务规范》的要求，北京公园行业在迎奥运中坚持“注重生态、营造景观、传承文化、打造精品”的行业道德，在景观建造、绿地保护、水体景观维护、设施养护等方面严格要求，建造和管理公园风景区，强化公园服务设施的建设，更新双语牌示，为游客营造清新、整洁、美观的环境。

加强景区和服务设施的卫生保洁工作。在景区保洁中，坚持做到“六不见”、“八不乱”②。厕所保洁做到“三有四无一

① “五个不变”是指：公园坚决贯彻执行《北京市公园条例》不变，按照“三优一满意”的服务规范，做好服务接待工作；公园门区的管理职能不变，继续加强公园门区管理，维持公园秩序，保证游览秩序环境井然有序；园容卫生标准不变，继续加强公园社会化管理力度，确保公园清新整洁；公园开放时间和静园时间不变；坚持以人为本，走文化建园的方针不变。

“五个不降低”是指：管理水平不降低；服务接待能力不降低；绿化养护质量不降低；职工的工作热情不降低；职工岗位工作标准不降低。

② “六不见”：不见瓜果皮核、不见各种包装废纸废弃物、不见烟头、不见痰迹、水面不见漂浮废弃物、室内不见残破痕迹（破设施、破门脸、破棚杆、破牌示）；八不乱：不乱搭建、不乱设摊点、不乱堆放杂物、不乱放生产工具和卫生生活用品、不乱设牌示、不乱粘贴通知广告、不乱拉绳挂物、不乱设各种不合规格的设施。

同”[1]。市属11个公园率先实践，发挥了行业典范的作用。

为了保证服务人员的素质，公园行业以奥运培训为契机进行全员培训，对公园职工开展英语、手语、文明礼仪培训工作，开展岗位技能培训，组织岗位技能竞赛和奥运培训成果展示活动，全面提高了职工素质和业务水平。同时，公园建立了游客服务中心，为游客提供全方位的服务，解决游客游览过程中遇到的各种问题。

在奥运会期间，全行业职工以饱满的热情、精细的工作、周到的服务，实现了“四优一满意”的目标[2]，各项工作达到了历史最高水平。

近年来，随着社会的发展和人们环保、休闲理念的变化，北京市建设了一批新型公园，如风景名胜区、自然保护区、森林公园、地质公园、湿地公园、农业观光园等。这些新兴公园的出现，扩展了公园的范畴和内容，丰富了人们的休闲娱乐空间，拉动了地方经济的发展，对促进城乡的就业，推动公园和城乡发展，正在发挥越来越重要的作用。

---

① “三有四无一同”：冲厕、洗手有水，夜间照明有电，星级厕所有卫生纸、洗手液，无蝇蛆、无恶味、地面无积液、无乱写乱画，与公园开放时间同步。

② “四优一满意”：优美环境、优质服务、优良秩序、优秀文化及游客满意。

第三章　国内外公园分类及标准的研究

一　国外公园分类举例

（一）美国城市公园分类

美国的城市公园系统的布局，重视公园功能的发挥。根据公园建设目的和基本功能，大致分为环境保护型、防灾型、开发引导型、地域型四种类型的公园系统。

环境保护型：

地区本身具有优美的自然风景和生态基础，为了避免城市化造成的环境破坏，首先通过公园的规划建设将重要的自然生态地区保护起来，在此基础上推进城市建设。这类公园系统的建设以环境保护为基本导向。

防灾型：

城市原来的建筑密度大、城区结构不合理，不利于防止城市灾害（如火灾、地震等）。通过公园系统隔断原来连接成片的城市，形成抗灾性能较高的街区结构，同时具有休闲和美化环境的功能。

开发引导型：

原来的城市无法容纳更多的人口和功能，需要向外扩张建设新的城区。为了在新城区建设中避免老城区的种种弊端，通过公园系统的建设形成良好的环境基础和空间结构。

地域型：

城市化过程中，城市之间联系日益紧密，单个城市的公园系统难以达到保护环境的要求。在已经或者正在形成的城市群、都市圈等广大的地域，进行跨行政区的公园规划，从地域的角度保护自然生态环境。

美国的公园分类很强调场地公园的存在，儿童游戏场、近邻运动公园、特殊运动场、广场，甚至包括道路公园及花园路都可以纳入到这一范畴中来。这样，广场的类别就能占到公园

表二　美国城市公园分类表

序号	名称	备注
1	儿童游戏场	从功能上来看，美国公园基本可以分作：场地型、教育型、休闲型、风景区、综合服务型及预留地等几种类型
2	近邻运动公园/近邻休憩公园	
3	特殊运动场：运动场、田径场、高尔夫球场、海滨游泳场、露营地等	
4	教育休憩公园	
5	广场	
6	近邻公园	
7	市区小公园	
8	风景眺望公园	
9	滨水公园	
10	综合公园	
11	保留地	
12	道路公园及花园路	

总类别的 42％。

从这一点来说，公园作为运动场所的功能，在美国公园中有着明显的体现。从近邻公园和社区小公园及道路公园及花园路的分类来说，美国更注重公园作为居民区配套的功能。

所有这些特点都与美国的历史密切相关。美国不具悠久的历史，因此，也就不具历史名园，甚至连历史文化遗存的数量都不多；加之，美国公园发展赶上了世界公园的发展潮流，并很快走在了世界公园发展潮流的前端，这都决定了美国公园以新创为主、以场地休闲为主的特点。

（二）日本城市公园分类

日本公园的分类以法律和法令的形式加以规定，例如《城市公园法》、《自然公园法》、《城市公园新建改建紧急措施法》、《第二次城市公园新建改建五年计划》、《关于城市公园新建改建紧急措施法及城市公园法部分改正的法律的实行》等法律法规。总体上来说，日本的公园系统由自然公园（相当于中国的各级风景名胜区）和城市公园两部分组成。在这两大类下，又分作不同的小类，如下表。

日本的公园建设与分类充分考虑了保持城市生态环境和提高人们生活质量两方面的需要，分类比较明确，公园的功能和有关规划指标也制定得比较具体清楚，利于实际操作和管理。

可见，无论是美国的公园系统，还是日本的公园系统，公园的规划、设计、组织管理机构的设置、保护利用规划等都有明确的法律法规规定，明确了公园的法律地位，公园的管理、保护、利用和开发都有法可依，从而使公园的发展具有法律的保障，保证了公园事业的可持续发展。

此外，美国和日本的公园，更多强调的不是公园个体，而

表三　日本公园分类表

<table>
<tr><th colspan="3">公园类型</th><th>设置要求</th></tr>
<tr><td rowspan="3">自然公园</td><td colspan="2">国立公园</td><td>由环境厅长官规定的、足以代表日本杰出的景观自然风景区（包括海中的风景区）</td></tr>
<tr><td colspan="2">国定公园</td><td>由环境厅长官规定的、次于国立公园的优美的自然风景区</td></tr>
<tr><td colspan="2">自然公园</td><td>由都、道、府、县长官制定的自然风景区</td></tr>
<tr><td rowspan="10">城市公园</td><td rowspan="3">居住区基干公园</td><td>儿童公园</td><td>面积0.25公顷，服务半径250米</td></tr>
<tr><td>近邻公园</td><td>面积2公顷，服务半径500米</td></tr>
<tr><td>地区公园</td><td>面积4公顷，服务半径1000米</td></tr>
<tr><td rowspan="2">城市基干公园</td><td>综合公园</td><td>面积10公顷，要均衡分布</td></tr>
<tr><td>运动公园</td><td>面积15公顷，要均衡分布</td></tr>
<tr><td colspan="2">广域公园</td><td>具有休息、观赏、散步、游戏、运动等综合功能，面积50公顷以上，服务半径跨越一个市镇、村区域，均衡设置</td></tr>
<tr><td rowspan="4">特殊公园</td><td>风景公园</td><td>以欣赏风景为主要目的的城市公园</td></tr>
<tr><td>植物园</td><td>配置温室、标本园、休养和风景设施</td></tr>
<tr><td>动物园</td><td>动物馆及饲养场等占地面积在20公顷以下</td></tr>
<tr><td>历史名园</td><td>有效利用、保护文化遗产，形成与历史时代相称的环境</td></tr>
</table>

是公园整体的系统性。在这一方面，美国公园表现得尤其突出。美国将公园系统分为公园（包括公园以外的开放绿地）、公园路和绿道。这样，公园就与线性绿地有机连接起来，从而达到了保护生态系统，引导城市建设的良性发展，实现打造宜居城市、公园城市的目的。

二　城市绿地分类标准

2002 年，建设部（现住房与城乡建设部）颁布了《城市绿地分类标准》（CJJ/T85—2002），该标准明确了“公园绿地”的概念和公园的分类，并用“公园绿地”代替了“公共绿地”一词。

《城市绿地分类标准》按照公园绿地的主要功能和内容，将公园分作 5 个中类、13 个小类：综合公园（全市性公园、区域性公园）、社区公园（居住区公园、小区游园）、专类公园（儿童公园、动物园、植物园、历史名园、风景名胜区、游乐公园 <绿化比例大于65%>）、带状公园、街旁绿地，具体分类如下表：

表四　公园绿地分类表

类别代码			类别名称	内容与范围	备注
大类	中类	小类			
G_1			公园绿地	向公众开放，以游憩为主要功能，兼具生态、美化、防灾等作用的绿地。	
	G_{11}		综合公园	内容丰富，有相应的设施，适合于公众开展各类户外活动、规模较大的绿地。	
		G_{111}	全市性公园	为全市居民服务，活动内容丰富、设施完善的绿地。	
		G_{112}	区域性公园	为市区内一定区域的居民服务，具有较丰富的活动内容和设施完善的绿地。	

续表四

类别代码			类别名称	内容与范围	备注
大类	中类	小类			
G_1	G_{12}		社区公园	为一定居住用地范围内的居民服务，具有一定活动内容和设施的集中绿地。	
		G_{121}	居住区公园	服务于一个居住区的居民，具有一定活动内容和设施，为居住区配套建设的集中绿地。	
		G_{122}	小区游园	为一个居住小区居民服务，配套建设的集中绿地。	
	G_{13}		专类公园	具有特定内容或形式，有一定游艺、休憩设施的绿地。	
		G_{131}	儿童公园	单独设置、为少年儿童提供游戏及开展科普、文体活动，有安全、完善设施的绿地。	
		G_{132}	动物园	在人工饲养条件下，移地保护野生动物，供观赏、普及科学知识，进行科学研究和动物繁育，并具有良好设施的绿地。	
		G_{133}	植物园	进行植物科学研究和引种驯化，并供观赏、游憩及开展科普活动的绿地。	
		G_{134}	历史名园	历史悠久、知名度高，体现传统造园艺术并被审定为文物保护单位的园林。	

续表四

类别代码			类别名称	内容与范围	备注
大类	中类	小类			
G_1	G_{13}	G_{135}	风景名胜公园	位于城市建设用地范围内，以文物古迹、风景名胜点（区）为主形成的具有城市公园功能的绿地。	
		G_{136}	游乐公园	具有大型游乐设施，单独设置，生态环境较好的绿地。	绿化占地比例大于、等于65%
		G_{137}	其他专类公园	除以上各类专类公园外具有特定主题内容的绿地。如雕塑园、盆景园、体育公园、纪念性公园等。	绿化占地比例大于、等于65%
	G_{14}		带状公园	沿城市道路、城墙、水滨等，有一定游憩设施的狭长形绿地。	
	G_{15}		街旁绿地	位于城市道路用地之外，相对独立成片的绿地，包括街道广场绿地、小型沿街绿化用地。	绿化占地比例大于、等于65%

《城市绿地分类标准》是一个比较细致的分类，较好地考虑了公园绿地的各种类型，它的出台在“公园分类史”上具有重要的价值和意义，为以后的公园分类研究提供了重要的基础参考。

这个标准之所以被称作《城市绿地分类标准》，顾名思义，它的分类对象是绿地，因而，它的分类方法及其标准拟定都是从“绿地”的角度出发的。由于《城市绿地分类标准》的分类对象包含了公园，因此，很明显，它将公园当作绿地来看待。

从一般意义上说，公园是特殊的绿地，但是，并不是所有的绿地都是公园。公园与绿地的区别在于：

（一）绿地是经过绿化的土地，是公园组成要素中的一部分，主要起到生态保护的作用；而公园则是按照人们的审美意识，将建筑、山水、植物、绿地经过艺术化、科学化组合的适合人们生活的境域，具备多种功能，生态功能只是其中之一。

（二）绿地的管理比较单一，主要是植物的保护与养护；而公园的管理则是一个复杂的系统工程，涉及景观维护、秩序管理、游览管理、基础设施管理、服务管理等多个方面，植物养护只是公园管理中的一个组成部分。

（三）公园具有丰富的文化内涵，这也是公园区别于一般绿地的重要标志。

《城市绿地分类标准》从绿地的角度将公园绿地分作综合公园、社区公园、专类公园、带状公园、街旁绿地五个中类。从字面意义理解，综合公园与专类公园相对应，社区公园与街旁绿地相对应，而带状公园则是以形状命名的。同一个层面上，采用三组不同的分类标准，在实际操作难免出现问题。

以北京的历史名园为例，颐和园、北海、香山等公园，既是综合公园中的“全市性公园”，又是专类公园中的“历史名园”。很难解释哪一种属性才是这些历史名园的主体属性；同时，从大类命名上看，哪一个命名都不能体现这些公园的本质属性，以及它们在传承文明中发挥的作用和在整个社会上的影响力。

由于公园和绿地之间存在本质的差异，所以，从绿地的角度对公园进行分类，不能准确地反映公园的特质与功能。

三　国内各地对公园分类的探索

新中国成立以来，国内各地先后出台的公园条例等法规中，对于公园分类进行了积极的探索，反映了各自城市公园的特色，值得我们在公园分类及标准研究中予以参考。

（一）《上海市公园管理条例》

《上海市公园管理条例》实施于1994年，其第三条规定将公园分为综合性公园、专类公园和历史文化名园。

上海的公园分类与上海公园的发展历史有着密切的关系。按时代风格划分，上海的城市公园可分为三类：

第一类：建于1840年鸦片战争之前、现为公众开放的古典园林，如豫园、古猗园、醉白池、曲水园、秋霞圃等；

第二类：西方殖民者在租界建造的殖民公园，如外滩公园等①；

第三类：解放前后由地方政府建造的公园，如由跑马厅北半部改建的人民公园，原高尔夫球场改建成的西郊公园（今上海动物园），自然景观的东平国家森林公园等。

豫园、古猗园、醉白池、曲水园和秋霞圃，号称“上海五大古典名园”。尤其是秋霞圃，园内建筑多建于明代，其中邑庙的建造年代更可上溯至宋代，是上海五大古典名园中历史

① 清同治七年（1868），上海建成第一个公园——英美租界公共花园（今黄浦公园）。之后又建有公园22个，其中，极斯尔（今中山公园）、顾家宅（今复兴公园）、虹口（今鲁迅公园）等大型公园至今尚存。当时的公园仅为西方殖民者服务。

最为悠久的园林。全园布局紧凑，以工巧取胜，有“城市山林”美誉，是明代园林中的佳作、江南古典园林中的精品。因此，秋霞圃在上海市民心目中占有极高的位置。

鉴于这种特点，如果将五大名园放在“专类公园”目下，显然，难以凸显它们在整个城市公园中的地位，也与它们所具有的独特艺术价值不符。因此，《上海市公园管理条例》将“历史文化名园”作为一个单独的公园类型，这就突出了“历史文化名园”在上海城市中的独特地位和艺术价值。应该说，将“历史文化名园”作为公园的一个大类，是上海城市公园分类的突出特点。

（二）广州市《城市公园分类》

广州市于 2007 年 7 月 1 日开始实施的《城市公园分类》，参考 2002 年建设部《城市绿地分类标准》，取消了《城市绿地分类标准》中的“街旁绿地”一项，将广州市公园分为综合性公园、社区公园、专类公园和带状公园四个大的类别。《城市公园分类》还对每种公园的划分标准进行了界定，这种以技术的硬性规定作为划分标准在国内公园行业还是首创，为国内其他城市公园类别划分标准提供了重要的参考（见附录）。

表五　国内城市公园分类举例

城市	法规名称	公园分类	实施年份	备注
上海	上海市公园管理条例	综合性公园、专类公园、历史文化名园	1994 年	将历史文化名园与综合性公园列为一级
苏州	苏州园林保护和管理条例	宅第园林、寺庙园林、衙署园林、会馆园林、书院园林	1997 年	强调历史名园的性质

续表五

城市	法规名称	公园分类	实施年份	备注
武汉	武汉市城市公园管理条例	综合性公园、儿童公园、动物园、居住区公园、居住小区游园和街旁游园等	1998 年	将居住区类公园列为分类主体
重庆	重庆市公园管理条例	综合性公园、专类公园（儿童公园、动物园、植物园、历史名园、游乐公园等）	2001 年	简化为两个大类
成都	成都市公园条例（草案）	综合类公园、专类公园（儿童公园、动物园、植物园、游乐园、体育公园等）、文物古迹公园、纪念性公园、风景名胜公园、带状公园	2006 年	将纪念性公园和风景名胜公园从专类公园中分离了出来；同时，以文物古迹公园代替历史名园，并从专类公园中分离出来
广州	城市公园分类	综合性公园、社区公园、专类公园、带状公园	2007 年	取消了《城市绿地分类标准》的街头绿地一项

第四章　北京公园分类的探索

一　北京公园的第一次分类

粉碎“四人帮”后，根据1980年4月中央书记处提出的关于北京建设方针的四项指示，在北京市规划委员会的主持下，重新编制了《北京城市建设总体规划方案（草案）》，于1982年7月经北京市第七届人大常委会第22次会议讨论通过后上报中央，1983年7月经中共中央、国务院原则批准。

1984年，为了落实《北京城市建设总体规划方案草案》，北京市人民政府决定把规划工作的重点转移到编制分区规划、详细规划、专业规划和城镇规划上来。9月，根据总体规划，北京市规划局、北京市园林局联合开始园林绿化专业规划的编制。经过努力，1985年5月，提出了北京城市园林绿化规划的初稿。

这个规划包括了2000年以后北京绿地的发展与卫生防护林带、道路、河道建设、庭院绿化用地标准等。尤其值得称道的是，这个规划涉及公园的分级分类。按照服务半径，规划将北京公园分作：全市性公园、区域性公园、古迹名胜、文物保护单位特种绿地、居住区公园及小区公园。

编制关于公园的分类，是北京公园史上第一次对公园的分类进行探讨，有着里程碑式的意义。它以“服务半径”这种技术化的指标进行公园分类，注重公园的服务范围，并且首次提出了将“古迹名胜、文物保护单位特种绿地”纳入公园的范畴，具有深远的意义。

二　公园行业管理中的分类实践

（一）三级九类分类法

1997年，在开展公园行业目标管理和“公园杯”竞赛的基础上，北京市园林局对北京市公园开始进行分级分类工作。

在分析北京市公园整体状况的基础上，遵循“分级指导、量化检查、以分定类、有升有降”的原则，将全市公园分为一、二、三级，每一级又分作一、二、三类，这样，就形成了“三级九类”的分类。

以一级公园为例，按照要求，公园只要符合以下标准中1—3项和4—6项标准中的两项，即可定为一级公园。

1. 严格按《公园设计规范》进行设计、施工和管理，具有良好的园林艺术特色；具有完善的指导游览、游人休息、环境卫生、商业服务等设施，布局合理。

2. 有完整的管理系统和完善的规章制度，公园绿化美化、园容卫生、经营服务、安全秩序、工作职责明确，档案完整。

3. 主要负责人具有大专以上文化程度；定期举行职工岗位培训，保证所有在岗人员持证上岗；有专业绿化管理队伍，并配有高级技术职称的专业人员；各专业中级以上技术职称的人员占职工总人数的5%以上。

4. 年游人量150万人次以上，服务半径面向市内外，外地游人占总游人数的20%以上。

5. 面积达到30公顷以上。

6. 具有园林性质的全国重点文物保护单位；具有重要的历史、科学和艺术价值的名园；具有造园历史、艺术典范性的园林，影响深远、国内外知名的园林；具有相当规模的独立动物园、植物园。

从一级公园的定级标准，可以清晰地看出，当时公园分类的倾向和侧重点比较注重公园的服务和管理功能，注重绿化，强调园林在公园发展中的作用。

依据公园行业分级管理年度考核，将每一级公园分为一、二、三类，分类的动态性既对各公园的发展形成了压力和动力，也对公园各项管理工作起到了积极的引导和规范作用。

（二）三级五类分类法

按照《北京市公园条例》第六条“本市公园实行分级、分类管理。本市公园的等级、类别，由市园林行政管理部门按照有关规定确定并公布”的精神，2003 年，北京市园林局制定了《关于本市公园分级分类管理办法（暂行）》，明确了公园分级分类的标准和原则，将全市公园分为“三级五类”。

1. 按其价值高低、景观效果、规模大小、管理水平等，将北京公园分为三级。

规模较大，历史、文化、科学价值高，景观环境优美，设施完备，有健全管理机构的定为一级。

有一定规模和历史、文化、科学价值，景观环境较好，设施较完备，有相应管理机构的定为二级。

规模较小，有一定景观环境和设施，机构具有管理能力的定为三级。

2. 依据建设部《城市绿地分类标准》，将北京公园分作五类：综合公园（全市性公园、区域性公园）、社区公园（居住区公园、小区游园）、专类公园（儿童公园、动物园、植物园、历史名园、风景名胜公园、游乐公园、其他专类公园）、带状公园、街旁绿地五类。

两次公园分类的实践，是北京市公园行业发展的重要探索，对认识公园、把握公园的特点和规律以及推动北京市公园行业的管理和发展起到了积极的作用。

(三)《北京市公园条例》对公园分类的探索

至 2002 年底，北京公园发展到 500 个，其中包括 199 个公园和 300 个社区公园和街旁绿地，总面积达 7000 多公顷。

为了进一步促进北京公园的科学化、规范化管理，发挥首都公园在全国公园行业中的示范作用，2002 年 10 月 17 日，北京市第十一届人民代表大会常务委员会第三十七次会议通过了《北京市公园条例》。2003 年 1 月 1 日，《北京市公园条例》正式实施①。

《北京市公园条例》指出："本《条例》所称公园，是指具有良好的园林环境、较完善的设施，具备改善生态、美化城市、游览观赏、休憩娱乐和防灾避险等功能，并向公众开放的场所，包括综合公园、专类公园（儿童公园、历史名园、植物园等)、社区公园等。"

《北京市公园条例》将公园的性质定为具备良好园林环境的场所，而不再是以前所认定的绿地，更加强调公园与人的关系，这就要求各公园必须强化公园管理与服务。在公园分类上，《条例》将之简单地分作三类：综合公园、专类公园和社区公园。

---

① 《条例》是关于北京公园管理的地方性法规，是北京市公园发展史上的里程碑，标志着北京市公园行业管理迈上了一个新的台阶。《条例》划定的适用范围，包括本市行政区域内的公园、公园周边景观以及规划确定的公园用地。

《北京市公园条例》规定，本市按照保护历史文化名城和建设现代化国际大都市的要求，规划、建设、管理公园，发展公园事业。由于历史名园是北京历史文化重要的载体，因而，保护历史名园就成为历史文化名城保护的重要组成部分。在这种定位下，《北京市公园条例》把历史名园保护和管理放到了突出的位置，关于历史名园的规定条文多达 9 条、13 款。

《北京市公园条例》要求，对历史名园进行保护性利用，禁止改变原有风貌和格局。《条例》还特别强调了公园借景的保护问题，第二十九条规定："历史名园周边建设控制地带内的建筑高度、形式、体量、色彩必须与公园景观相协调。具体的控制标准，由市园林、规划、文物等行政管理部门共同制定，报市人民政府批准。"为了确保历史名园更多地保存历史信息，《条例》规定，历史名园的遗址恢复和文物维护都需经过专家论证，依照相关法律进行。各级人民政府财政应保障各历史名园的保护。

《北京市公园条例》对历史名园的相关规定，表明北京市委、市政府、市人大对历史名园给予了高度重视。将"历史名园"这一在公园序列中占有独特地位的公园与其他公园进行区别性对待，显示了政府对历史名园这一历史文化遗产在建设世界一流城市问题上认识的高度。

（四）公园分类的最新探索

作为祖国的首都和历史文化名城，北京悠久的历史和独特的政治地位造就了北京公园区别于一般城市公园的特点，特别是中央对北京城市未来发展的定位，对北京公园的发展和管理提出了新的要求。北京市公园管理中心和北京公园绿地协会在两次全市性公园展览中，对北京公园的分类进行了新的探索。

1. “北京公园百年辉煌展”关于北京公园的分类

2006 年，是北京动物园建园一百周年暨北京公园的百年纪念。为了庆祝北京公园这一具有历史意义的时刻，北京市公园管理中心与北京市公园绿地协会联合举办了“北京公园百年辉煌展”。

展览分为北京公园的百年历史、北京市公园管理中心的成就、北京市公园事业的发展等九个部分，全面展示了北京公园走过的百年辉煌。

2006 年“北京公园百年辉煌展”，又一次开启了公园分类的探索之门，此次展览将北京公园分为五类，包括古都北京的象征——历史名园、续写历史辉煌——古迹保护公园、现代城市的标志——现代城市公园、公园奇葩——文化主题公园、大珠小珠落玉盘——社区公园[①]。

这种分类方法与 1997 年的“三级九类”和 2003 年的“三级五类”分法截然不同，表达了一种全新的公园分类的思考。

2003 年，为了贯彻落实《北京市公园条例》，北京市园林局与北京市规划委员会对北京市历史名园进行了界定，提出了 21 个历史名园的名单，在北京市政府批转的《贯彻〈北京市公园条例〉加强公园整顿的意见》中得到确认。

本次展览首次对 21 个历史名园进行了全面展示，反映了《北京市公园条例》出台后公园发展的实际情况。展览将历史名园定位为“古都北京的象征”和北京最富有精神内涵的物证所在，凸显了北京城市的深厚历史文化底蕴，扩大了历史名园的影响。古迹保护公园是北京三千年文明历史变迁和城市文

① 此次分类对城镇公园和风景名胜区、地质公园、森林公园、自然保护区等专类公园进行了大量的展示。

明发展的见证，在展览中也得到了充分的展示。现代城市公园反映了时代特点，是北京国际化大都市的标志，在公园序列中占有突出地位。文化主题公园反映了不同的主题，适合不同的游客群体，不仅成为北京公园中的重要类别，而且也成为了北京公园中的有生力量。除此之外，遍布社区、街道的众多社区公园，在改善生存环境的同时，还为人们提供了最为便捷的休闲场所，这些特色也在展览中得到了展示。

2. “北京公园 60 年辉煌展”（1949—2009）对公园的分类

2009 年 8 月，由北京市公园管理中心、北京市公园绿地协会主办的“北京公园 60 年辉煌展”在中山公园开幕[①]。展览以“历史名园的辉煌”和“改革开放的成就”为题，展示了北京公园发展的成果[②]，不仅突出了历史名园的地位，而且对北京的“主要公园”进行了全面、系统的展示，是对“主要公园”理念的首次实践。此次展览受到了北京市领导的重视，也在业内外得到了普遍的认同。

“主要公园”的概念，是在 2002 年市委常委会讨论组建北京市城市管理综合行政执法局时明确提出的，2003 年颁布实施的《北京市公园条例》就“主要公园”和“主要公园”的行政权限问题进行了明确的法规界定。《条例》指出：“主要公园的范围，由市人民政府确定。”

主要公园的特点是：

① 本次展览是新中国成立以来北京市举办的规模最大、内容最全面的全市公园发展建设成就的展览。

② 展览期间，北京市公园管理中心与北京市公园绿地协会共同举办了“公园带动城乡发展高层论坛”和“历史名园保护和发展研讨会”，对公园在城乡一体化进程中的作用及历史名园传承传统文化的意义及保护和发展进行了研讨，进一步明确了公园在生态之外的价值和意义。

（1）主要公园是北京历史文化名城、首都现代化发展和建设世界城市的重要标志。

（2）主要公园在某一方面或多个方面具备突出的文化价值，反映出特定历史时期的社会发展特点，是一种或多种形式文化的载体。

（3）主要公园具备生态保全、休闲游览、美化城市以及美学教育的重要功能。

（4）主要公园位居北京重要区域，是党和国家政治、文化等重要活动的场所。

根据以上特点，分析研究北京公园，显然，“主要公园”应当是历史名园、遗址保护公园、现代城市公园、文化主题公园及风景名胜区中那些最具影响力的公园。“主要公园”在北京公园体系中占据着重要地位，在未来北京城市发展中具有着重要作用。

（五）“历史名园保护和发展研讨会”对历史名园的探讨

2009年10月，由中国公园协会、北京市公园管理中心主办，北京公园绿地协会承办的“历史名园保护和发展研讨会”在北京召开。此次研讨会就“历史名园”这一概念进行研讨，在公园学术研究史上尚属首次。120多位专家学者和业内人士就历史名园的性质、地位和保护、发展进行了深入的探讨。与会代表一致认为，历史名园是指“有一定的造园历史和突出的本体价值，在一定区域范围内拥有较高知名度的公园。”会议一致通过了《中国历史名园保护和发展北京宣言》。（见附录）

《中国历史名园保护和发展北京宣言》的发表，把历史名园的地位提高到一个新的高度，也为公园分类及标准研究提供了理论支持。

附：中国历史名园保护与发展北京宣言

2009 年 10 月 16 至 17 日，中国公园协会、北京市公园管理中心、北京市公园绿地协会，在北京举办首届“中国历史名园保护与发展论坛”，来自北京、上海、天津、重庆、四川、江苏、山东、河南、湖北、陕西、宁夏、云南、贵州、广东、福建、吉林等省、市、自治区 22 个城市的专家、学者和业内人士，就“中国历史名园保护与发展”这一重要论题展开讨论，切磋切磨，达成系列共识，特发表此宣言。

在自古代至近现代数千年的历史演进中，中华民族以自己的聪明才智创作了无数的园林佳构，形成了独树一帜的中国古代园林造园体系，给世界文明以重大贡献和影响，在世界造园史和人类文明史上闪耀着璀璨的光焰。中国古代园林是我国传统造园思想、观念和知识的物质载体，体现着古代中国人对理想的人居环境的认识和追求，蕴含着丰富的古代哲学、美学、文学、环境学、景观学、工程学、历史学等内涵；近现代园林则反映了中外文化碰撞交流和嬗变创新在造园学领域的时代印迹。

历史名园是有一定的造园历史和突出的本体价值，在一定区域范围内拥有较高知名度的公园。它反映历史发展特定阶段的社会、政治、经济、文化、艺术、科学等发展状况，是以往社会发展、城乡变迁以及人类思维形态的直观物证，代表城市或地域的历史和尊严，是宝贵的文化遗产。

今天的历史名园，作为中国珍贵的历史遗存，具有突出、普遍的历史价值、艺术价值和科学价值，在当代公园序列中具有无可比拟的地位。历史名园传承城市历史风貌与人文景观，满足公众感知了解历史文化、欣赏享受美的生活的需求，为人居环境设计提供理念和方法，为中国传统文化研究提供丰富的实物，为园林营造提供丰厚的理论依据，是不可多得的宝贵财富和文化资源。保护和继承好历史名园这一园林文化标本，对继承和发展园林事业，繁荣新时代的园林文化具有重要意义。

历史名园具有稀缺、脆弱、不可复制、不可再生的特点和属性，因此，保护是历史名园的第一要务。我们必须按照和遵循历史名园保护的相关法律法规和《世界遗产公约》的精神，制定相应的政策、法规和管理制度，培养人才队伍，落实保护经费，科学地、有效地保护历史名园。

历史名园保护的核心是本体价值的保护。本体价值是指代表历史名园本质属性的基本要素体系，即一切具有历史文化价值的物质存在。应维护历史名园本体价值的历史真实性和完整性，实行最小干预原则，最大限度地避免建设性破坏和维护性损毁（灭失），最大程度地传承名园的物质遗存、人文信息和可辨认的历史时序信息。

历史文化精神是历史名园之灵魂，应注重保护历史名园的精神和魂魄。挖掘和弘扬历史名园自身特有的历史文化内涵，加强历史名园学术交流和研究，开展符合历史名园自身文化定位的特色文化活动和展览展示项目，发展特色文化商业经营，提高导览讲解服务水平，传播历史名园的文化和保护历史名园的知识，最大程度地延续和传递历史名园的历史文化内涵和精神气质。

历史名园是丰富多彩的传统无形文化遗产的载体，蕴含或创造着丰富的传统民俗、节庆、技艺和口头传说等无形非物质文化遗产形态。应当重视无形文化遗产的挖掘、保护和展示，成为延续城市文化精神的重要阵地。

历史环境是历史名园本体价值的重要组成部分。对历史环境和借景的保护，应纳入城乡发展建设规划和精神文明建设规划，积极预防在城市化、现代化进程中，对历史名园历史环境和借景的人为损害。

历史名园要积极吸纳历史经典和当代社会科技管理的先进成果，重视教育和科研，重视借鉴文化、服务、经营等行业的先进模式和经验。树立规划立园、人才兴园、科教管园、文化建园的理念，创新发展，发挥历史名园的地域中心作用，提高历史名园在现代社会生活中的影响力和在经济发展中的推动力。

在新的历史时期，中国历史名园的工作者，与全国园林行业的同行们携手共进，深化管理制度改革，开拓创新，努力实践历史名园的科学发展，为和谐社会的建设做出新的更大的贡献！

2009 年 10 月 17 日于北京

第五章　北京公园分类及标准

一　关于公园概念的探讨

作为一种公益性场所和城市基础设施的公园，已经出现了近两百年，但是，公园是什么？公园的本质是什么？却是一个众说纷纭的话题。公园的概念是公园本质属性的归纳，同时，也是公园分类不可回避的问题。归纳起来，公园的概念主要有以下几种：

（一）国外对公园的定义

1. 英国

1872 年的《英国皇家公园和花园的管理法》第三条规定："公园，此词含义包括，目前由公共建筑和工程大臣负责或者在其管辖或管理之下的一切公园、花园、游乐场地、空地和其他土地。"

1926 年的《公园管理》（修正法）第一条规定，该法的应用范围包括："1872 年《公园管理法》应适用于目前由工程委员会负责或者在其管辖或管理之下的一切公园、花园、游乐场地、空地以及其他土地。因此，在该法中，'公园'一词应包括如上所述的一切公园、花园、游乐场地、空地和其他土地。"

可见，英国的“public park”更多地包含了“公共场地”的意思。

2. 美国

《美国纽约市公园与娱乐场地规章与条例》第三款规定：“公园，意为对公众开放的公园、海滩、水域及其水下土地、池塘、海滨木板路、儿童游戏场、娱乐中心和目前及以后在公园娱乐局管辖、主管或支配下的所有其他的财产、装备、建筑物和设施。”

《美国西雅图市公园法》第三条则称：“公园之所有的公园和公园内的水体、广场、干道、停车场、林荫道、山间小路、高尔夫球场、博物馆、水族馆、动物园、海滩、游乐及娱乐场所、植物园、露天娱乐设施和场地等等，一切由西雅图市管辖的公园和娱乐系统。”

3. 日本

《日本城市公园法》第一项规定：“本法中所谓的‘城市公园’，既包括下列的公园或绿地，也包括城市公园的设置者（国家或公共团体）在该公园或绿地上建设的公园设施。”第一，地方公共团体根据城市规划在规划区域内设置的公园或绿地；第二，国家设置的公园和绿地：（1）跨越一个都、道、府、县的区域，为广域居民服务的公园或绿地；（2）作为国家的纪念事业或为保护和利用本国固有的文化遗产，经内阁议会决定设置的公园或绿地。

从上面的定义，可以发现英、美两国对公园的定义比较相近，它们把公园更多地视为由特定部门管理的、包含多种形式的公共场所，包括诸多运动和游戏场所。与英、美国家不同，日本城市公园的定义比较简单，在《日本城市公园法》的制定者看来，公园就是公园、绿地加上其土地上的设施。

（二）国内对公园的定义

《大百科全书》（园林卷）解释："公园是城市公共绿地的一种类型，由政府或公共团体建设经营，供公众游憩、观赏、娱乐等的园林，有改善城市生态、防火、避难等作用。"

《现代汉语词典》解释："公园是供公众游览休息的园林。""园林是种植花草树木，供人游赏休息的风景区。"

《全国城市公园工作会议纪要》在"进一步明确公园的性质和任务"中指出："公园是城市园林绿化系统中的重要组成部分，它既是供群众进行游览休息的场所，也是向群众进行精神文明教育、科学知识教育的园地，对于改善城市的生态条件、美化市容面貌，加强'两个文明'的建设，以及对外开放、发展旅游等方面都起着重要作用。"

《园林基本术语标准》则规定："公园是供公众游览观赏、休憩，开展户外科普、文体及健身等活动，向全社会开放，有较完善的设施及良好生态环境的城市绿地。"其《条文说明》则将公园分为"狭义"公园和"广义"公园。狭义的公园一般建有围墙，设施完善、管理健全；而广义的公园除包括狭义公园的内容外，还包括设施较为简单、具有公园性质的敞开式绿地。

可见，对于公园的概念和性质，国内的权威辞书和规定，也颇有不同。《大百科全书》（园林卷）和《现代汉语词典》将公园定义为供人参观游览的园林，而《全国城市公园工作会议纪要》认为公园的本质是供群众进行游览休息的场所，《园林基本术语标准》则将公园定义为向全社会开放、有较完善的设施及良好生态环境的城市绿地。

《上海市公园管理条例》第二条规定："本条例所称的公园，是公益性的城市基础设施，是改善区域性生态环境的公共绿地，是供公众游览、休憩、观赏的场所。”

《杭州市公园管理条例》第二条规定：“本条例所称的公园，是指具有休憩、观赏、游乐功能，供公众游憩，有一定的规模的公共绿地。”

《南昌市公园条例》第二条规定：“本条例所称的公园，是指向全社会开放，供公众游览、观赏、休憩，开展户外科普、文体及健身活动，有完善的设施及良好的生态环境的城市绿地。”

《北京市公园条例》第二条规定：“本条例所称的公园，是指具有良好的园林环境、较完善的设施，具备改善生态、美化城市、游览观赏、休憩娱乐和防灾避险等功能，并向公众开放的场所，包括综合公园、专类公园（儿童公园、历史名园、植物园等）、社区公园等。”第六条规定：“本市公园实行分级、分类管理。本市公园的等级、类别，由市园林行政管理部门按照有关规定确定并公布。”

《北京市公园条例》对公园的定义，涵盖以下内容：

1. 公园的性质：是一种场所；

2. 公园的要素：良好的园林环境、较完善的设施、向公众开放；

3. 公园的功能：改善生态、美化城市、游览观赏、休憩娱乐、防灾避险；

4. 公园的种类：综合公园、专类公园（儿童公园、历史名园、植物园等）、社区公园等。

《台北市公园管理办法》明确公园是指依都市计划建设，以供公众游憩之场地而言。

《台湾省公园管理办法》第二条规定：“本办法所称公园，系指县、市政府（局）或乡镇（市）、公所依都市计划设定、建设、管理，而供公共使用为目的之公园而言。”强调了公园的建设和管理单位。其第五条则称：“公园之周围界境线，除为河川、山脉或其他类似天然障碍物所形成者外，应以具有耐久性质材料设置适当之围护物。”

乍看起来，《园林基本术语标准》与《北京市公园条例》对公园的定义似乎没有太大的区别，两者都强调向全社会开放、有较完善的设施，但是，实际上两者有着巨大的不同：《园林基本术语标准》强调公园是具备良好生态环境的城市绿地，而《北京市公园条例》则强调公园是具有良好园林环境的场所；《园林基本术语标准》更看重公园的生态功能，把公园当做绿地看待，而《北京市公园条例》则更注重公园的园林环境，将公园当做特殊园林看待。

通过对国内辞书、规定和北京、上海、台北三大城市公园管理地方法规的分析，可以看出，公园的本质是一种场所或场地[①]，但是，并不是所有向公众开放的场地都是公园，只有具备良好的园林环境、较完善的设施、对公众开放的场地才可以定义为公园。

二　北京公园的特点

北京作为中华人民共和国的首都，各项工作都走在全国前列，公园建设也不例外，分析北京公园可以发现，北京公园具备以下几个特点：

（一）数量众多

北京行政区划面积为1.64万平方公里，至2010年底，北

① 台湾地区法律法规还重视公园的围界。在台湾的法规制定者看来，良好的围界是体现公园特点的重要标志。

京市有1200多个公园、绿地。从绝对数量来看，北京市公园达到了一个较高水平，仅注册公园达到339个，总面积达到7000多公顷。

据首都绿化委员会公布的统计数据显示，北京市2010年林木绿化率达53%，城市绿化覆盖率为45%，人均绿地面积达50平方米，人均公共绿地面积达15平方米。

（二）种类齐备

目前，中国公园主要分为城市公园、风景名胜区、郊野公园、湿地公园、森林公园、地质公园、产业遗址公园等等。北京作为首都，由于城市的发展和旅游需求的拉动，公园的建设出现了百花齐放的态势，既有丰富多彩的城市公园，又有改革开放之后先后建立的风景名胜区、自然保护区、郊野公园、湿地公园、森林公园、地质公园、产业遗址公园等新型公园。同时，由于产业的转型和升级，北京还出现了一大批各具特色的农业观光园。各种各样的公园交相辉映，互为补充，发挥着休闲娱乐、改善城市生态和传播历史文化的作用，为北京市增添了一抹浓重的色彩。

（三）历史名园占有重要地位

北京有着悠久的历史，留下了许多著名的皇家园林和历史名园。新中国成立以来，党和政府十分重视历史名园的保护与发展。

历史名园是古都风貌的重要组成部分，也是人文北京的重要标志，在建设“国家首都、国际城市、文化名城、宜居城市”的过程中，发挥着不可替代的重要作用。

2006年，城建部评选出第一批国家重点公园，共有20家公园入选。其中，北京的颐和园、天坛、北海、北京动物园、北京植物园5家入选，占全部入选公园数量的25%。2009年，住房和城乡建设部（即原城建部）公布了“第三批国家重点公园名单”，其中，北京市中山公园、景山公园、香山公园、紫竹院公园、陶然亭公园入选，占第三批重点公园的50%。在3批、56家国家重点公园中，北京公园有10家，占全部重点公园数量的18%。

（四）遗址保护公园地位突出

在历史的沿革中，很多在北京发展史上具有重要地位的建筑和景观遭到破坏。这些建筑和景观记载了北京历史发展的信息，是北京文明发展时序的物证。以遗址为基础建造的遗址保护公园，是北京公园的重要组成部分。

遗址保护公园延续了北京的历史，用公园的形式展现了在北京历史发展中具有重要意义和文化象征的景观。1985年，团河行宫遗址公园建成并对外开放，成为北京第一处遗址保护公园。随后，莲花池公园、圆明园公园、西滨河公园等一批遗址保护公园先后建立起来。

自元朝起，北京就形成了中、内、外的三重格局：紫禁城即今天的故宫，位于北京城的中心，皇城位于紫禁城的外围，皇城的外面称内城，大体以北京的二环路为界。随着历史的发展，北京城市的三重格局被打破，只有一些历史遗迹仍然保存，为了更好地保存历史的信息，以北京城墙遗址为基础，北京市先后建造了元大都城垣遗址公园、明城墙遗址公园、皇城根遗址公园、永定门公园、北二环城市公园等遗址保护公园。一系列遗址公园的建造，传递了城市发展的信息，也为中心城区人们的休闲娱乐提供了广阔的空间。

（五）现代城市公园异军突起

作为首都和经济发展最具活力的城市，北京的公园建设一直走在全国公园行业的前列，因此，作为城市重要组成的现代城市公园在北京城市发展中占有重要地位。在国际化交往日益频繁的今天，城市公园的规模和建设水平以及承办大型活动的能力，体现着该城市的综合实力和国际化水平。随着北京建设“国际城市”步伐的加快，现代城市公园在北京城市发展中的地位也越发重要，呈现出异军突起的局面。

2003 年，海淀公园建成开放。海淀公园位于清代皇家园林畅春园附园西花园遗址之上，占地近 40 公顷。园内以大面积绿化为主，建有 2.1 公顷的广场，并建有 3 公顷可踩踏草坪，是京城第一块开放式草坪，也是西北部最大的一个综合性免费开放公园。

2004 年，占地 280 公顷的朝阳公园建成开放。朝阳公园位于朝阳区中部繁华地段，毗邻外国驻华使馆区，绿地率 87%，改善了周边的生态环境。朝阳公园内还形成了中央领导人植树林、国际友谊林、将军林、北部生态林等多处具有特殊价值的绿色景观区。公园长年举办各种活动，丰富了北京市民的文化生活，朝阳音乐节已经成为北京有影响的大型文化活动。

2008 年占地 1135 公顷的奥林匹克公园的建成，在中国现代城市公园发展史上占有重要地位。奥林匹克公园位于朝阳区，京城南北中轴线的最北端。公园分为南、中、北三区：南区为奥林匹克体育中心和中华民族园，中区为鸟巢和水立方，北区为森林公园，面积 680 公顷，是北京面积最大的现代城市公园。

三 北京公园分类的原则

关于国内外公园的分类，前文已作了详细的论述，归纳起来，有以下几类：

（一）按性质分，可分为综合性公园和专类公园；

（二）按功能分，可分为生态公园、休憩娱乐公园、风景名胜公园、游乐公园等；

（三）按服务半径分，可分为市级公园、区级公园、社区公园。社区公园又可分为居住区公园和小区游园；

（四）按地域分，可分为城市公园、郊野公园和乡村公园（《北京市园林绿化条例》2009 年）；

（五）按规模分，可分为大型公园、中型公园、小型公园。

以上分类方法从各自的角度出发，考虑了公园的特点，有其合理性，在某个阶段、某个方面发挥了积极的指导作用。

北京作为国家首都、历史名城及现代化大都市，城市和公园都有其自身的特点，本研究认为，此次北京公园分类应该按照以下原则进行：

（一）从北京公园的实际情况出发，突出北京的特点

北京公园的特点和北京城市的发展息息相关。北京是六朝古都，拥有三千年建城史，是中华人民共和国的首都，是国际化大都市。北京的城市特点，在北京公园中有着突出的反映。

充分考虑北京城市的特点、认真分析北京公园的特殊性，从北京公园的实际出发，是本次北京公园分类时要紧密把握的原则。

由于北京是六朝古都，是历史文化名城，北京拥有一批由皇家园林、坛庙园林、府宅园林演变为公园的珍贵遗产，因而，它们不仅是北京公园的标志，而且在某种程度上，成为中国的文化符号。

另外，作为有3000多年建城史的北京，历史遗迹异常丰富，依托这些遗址建造的遗址保护公园，成为北京城市、北京公园的特色，在北京公园体系中占据重要位置，这也是其他城市少见的。

北京奥运会的举办使公园的发展更加欣欣向荣，一大批现代城市公园和遍布于城郊、平原、山区的各类公园涌现出来，在北京公园的序列中占据了举足轻重的作用。

（二）注重公园的性质及文化内涵

公园的分类不能局限于通过外在现象进行简单分类，本研究从反映公园的性质和把握公园的文化内涵出发，做出合乎公园内涵的公园分类。

公园是什么？不同的单位和个人有着不同的定义。公园的定义应该反映公园的实质：公园是一定历史时期人类审美与技术发展的产物，同时，是审美与技术的载体，以整体空间的形式记载时代的痕迹，具有历史的公园拥有丰富的文化内涵。

（三）与北京“国家首都、国际城市、文化名城、宜居城市”的城市定位相适应，服务于建设世界城市的历史大趋势

《北京城市总体规划（2004—2020）》将未来北京的发展定位为“国家首都、国际城市、文化名城、宜居城市”。这个

规划是北京长期发展的标杆，是北京城市规划和建设的指针，城市的建设、公园的建设都应为这个目标服务。

随着北京经济的发展，与国际文化交流的加强，建设世界城市成为北京未来的发展方向，北京公园的分类、管理与建设应该服务于这个长远目标。

（四）考虑北京城乡一体化的进程和发展

近年来，在市委、市政府的领导下，北京郊区发展迅速，成为拉动北京经济发展的重要动力，城乡差距日益缩小，城乡一体化的趋势越发明显。在城乡一体化过程中，公园的建设和发展起到了积极的作用，促进了城乡经济的发展、城乡环境的大变化。因此，公园分类必须考虑北京城乡一体化的进程和发展。

（五）借鉴国内外公园分类经验，特别注重与国际先进经验接轨

本次研究充分考虑了国内外既有的公园分类经验，借鉴其合理成分，注重与国际先进经验接轨，充分借鉴美国、英国、日本等国公园分类方式，同时，注意将国内外经验结合，制定出既符合北京公园实际，又能与世界先进分类方式相结合的北京公园分类标准。

四　北京公园分类标准

《北京市公园条例》第二条规定：“本条例所称公园，是指具有良好的园林环境、较完善的设施，具备改善生态、美化城市、游览观赏、休憩娱乐、防灾避险等功能，并向公众开放

的场所。”

《北京市公园条例》的规定为北京公园的分类提供了基本的标准，即：

（一）公园必须具备良好的园林环境

园林环境是指将人文因素和自然因素有机结合、经过人们科学和艺术的创造营造的适宜人类居住的一种境域。凡是公园都应该具备良好的园林环境和良好的生态效果，体现人们对美的追求和艺术的品位，与一般的绿地、绿化、林地、森林等概念有着明显的不同。

（二）公园必须具备较完善的设施

设施是公园中必备的基本条件，为公众的游览、休闲提供便利和服务，满足人们游览的基本需求。没有良好的配套设施，公园就不能满足游客游览的需要，不能成为合格的公园。

（三）公园必须是向公众开放的场所

公园必须向公众开放，从而体现公园的公共性。不向公众开放的场所，即便具备良好的园林环境和较完善的设施，也不能称之为“公园”。

（四）根据国家的有关规定，公园必须有一定的绿地率

绿化是公园的组成要素，是构成良好园林环境不可缺少的

基本条件，绿地率是衡量公园质量的基本标准。按照国家住房与城乡建设部《城市绿地标准》，公园绿地率一般不低于65%。

五　北京公园的分类

文化是公园的灵魂，具有深厚的文化内涵是公园区别于绿地、绿化、森林、林地等概念的基本特征。以公园的性质和文化内涵对北京公园进行分类，比较契合北京公园的现状和特点。依据公园分类的原则和标准，北京公园可以分为狭义公园和广义公园。

狭义公园和广义公园的概念，出自《园林基本术语标准》的《条文说明》："狭义的公园指面积较大、绿化面积较高、设施较为完善、服务半径合理、通常有围墙环绕、设有公园一级管理机构的绿地；广义的公园，除了上述的公园外，还包括设施较为简单、具有公园性质的敞开式绿地。"

本课题在北京公园分类中，借用了"狭义公园"与"广义公园"的概念，但是，定义与指代对象与《园林基本术语标准》的《条文说明》中的规定有所不同。本课题公园分类中的狭义公园是指：符合《北京市公园条例》规定中公园"三要素"的公园，主要包括历史名园、遗址保护公园、现代城市公园、文化主题公园、区域公园、社区公园、道路及滨河公园、小游园和风景名胜区九类；广义公园是指狭义公园以外、具有某些公园特征的各类公园，主要包括自然保护区、森林公园、郊野公园、湿地公园、农业观光园、地质公园等。

本研究的公园分类，主要针对狭义公园的分类。

（一）历史名园：是指有一定的造园历史和突出的本体价值，在一定区域范围内拥有较高知名度的公园。

北京历史名园突出反映了北京悠久的历史文化，是中国古代社会文明的历史见证，是世界了解中国、了解中华传统文化的重要窗口，也是加强和谐社会建设的重要阵地。

本研究认为：符合以下条件的公园，可定为历史名园：

1. 具有50年以上造园历史；

2. 在历史、科学、艺术等方面具有独特的价值；

3. 在本地区或者全国拥有较高的美誉度。

（二）遗址保护公园：是以古文化遗址为核心建造的公园。遗址保护公园是文化遗迹与公园环境结合的产物，保存了重要历史文化信息，反映了北京都城发展的历史轨迹，展示了北京的人文脉络，是北京作为中国首都的历史物证，与历史名园一起构成文化名城的重要标志和国家首都的重要资源。

符合以下条件的公园，可定为遗址保护公园：

1. 拥有较高历史价值、文物价值的古文化遗址；

2. 将遗址保护和园林环境有机结合。

（三）现代城市公园：是指现代建造的规模较大、反映时代特征、具有地标性价值的公园。现代城市公园以现代化、高科技手段展示首都北京的科技发展水平，以独特的人文景观和自然景观改善城市的环境，是北京现代社会文明的重要展示窗口，是北京作为国家首都、现代化大都市的主要特点之一，是建设世界城市的重要组成部分，具有重大社会综合影响力，是国家首都与国际城市的重要体现。

符合以下条件的公园，可定为现代城市公园：

1. 规模一般在30公顷以上；

2. 功能齐备，能够满足多样性的游览需求；

3. 注重生态、景观、文化的结合，是城市生态系统的重要组成部分。

（四）文化主题公园：是指围绕明确的主题思想创造出来

的、具有一定文化内涵的公园。独具特色的文化主题公园展现了首都北京的文化多样性、共生性及包容性，丰富了北京文化名城的内涵，是北京成为国际城市不可或缺的重要因素，也是国际城市与文化名城的重要组成部分。

符合以下条件的公园，可定为文化主题公园：

1. 有明确的主题思想；

2. 以科学和艺术的手段展示公园的文化内涵；

3. 有良好的园林环境和较完善的服务设施。

（五）区域公园：是指具备相应设施，为一定区域居民服务的公园。区域公园为周边群众提供日常休闲、娱乐空间，起着改变局部生态的作用，从数量上说，区域公园在北京公园体系中占有绝对优势，是宜居城市的主要组成部分。

区域公园的标准是：

1. 服务于一定区域的周边居民；

2. 具备相应良好的园林环境。

3. 具备一定的设施；

（六）社区村镇公园：是指建在社区范围之内，为本社区村镇居民服务的公园。

社区村镇公园的标准是：

1. 服务本社区村镇居民；

2. 具有一定设施，面积在 10 公顷以下；

3. 具备相应的园林环境。

（七）小游园：是指面积较小，设施简单的小公园。

小游园的标准是：

1. 面积在 1 公顷以下；

2. 设施较简；

3. 有园林环境的要素。

（八）道路及滨河公园：是依城城乡道路或河流而建设的

公园，与道路或河流形成一体，为城乡提供绿色走廊和休憩空间，具有生态、景观、文化等多种功能。

道路及滨河公园的标准是：

1. 依道路或河道而建，并与之形成一体；

2. 一般规划较大，形成举状公园；

3. 具备生态、景观、文化等多种功能。

（九）风景名胜区：是指自然景观、人文景观比较集中，环境优美，可供人们游览或者进行科学、文化活动，具有重要的生态保护功能和为大众提供休闲功能的区域。

符合以下条件的公园，可定为风景名胜区：

1. 面积在 10 平方公里以上；

2. 具备较为集中的自然、人文景观；

3. 是文化名城和宜居城市的重要组成部分。

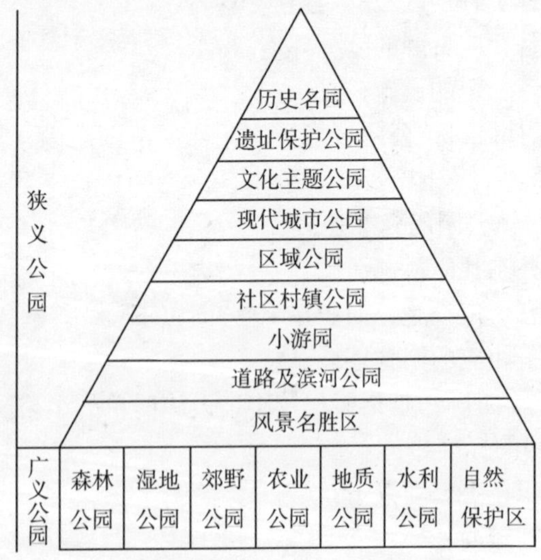

北京市公园分类“宝塔”结构示意图

表六　北京公园分类表

大类	小类	定义	标准	与北京城市定位的关系
狭义公园	历史名园	有一定的造园历史和突出的本体价值，在一定区域范围内拥有较高知名度的公园。	1. 具有50年以上造园历史； 2. 在历史、科学、艺术等方面具有独特的价值； 3. 在本地区或者全国拥有较高的美誉度。	是文化名城的重要标志，国家首都的重要资源。
	遗址保护公园	以古文化遗址为核心建造的公园。	1. 拥有较高历史价值、文物价值的古文化遗址； 2. 将遗址保护和园林环境有机结合。	延伸城市历史文脉，是文化名城的重要内容。
	现代城市公园	现代建造的规模较大、反映时代特征、具有地标性价值的公园。	1. 规模一般在30公顷以上； 2. 功能齐备，能够满足多样性的游览需求； 3. 注重生态、景观、文化的结合，是城市生态系统的重要组成部分。	是国家首都与国际城市的重要体现。
	文化主题公园	围绕着明确的主题思想创造出来的、具有一定文化内涵的公园。	1. 有明确的主题思想； 2. 以科学和艺术的手段，展示公园的文化内涵； 3. 有良好的园林环境和较完善的服务设施。	是国际城市与文化名城的重要内容。
	区域公园	具备相应设施和一定规模，为一定区域居民服务的公园。	1. 服务于一定区域的居民； 2. 具备一定的设施，面积为10—20公顷； 3. 具备良好的园林环境。	是宜居城市的主要组成部分。
	社区、村镇公园	建在社区村镇，为本社区村镇居民服务的公园。	1. 服务于本社区、村镇居民； 2. 具备一定设施，面积为10公顷； 3. 具备相应的园林环境。	是改善方便居民生活的必要设施。

续表六

大类	小类	定义	标准	与北京城市定位的关系
狭义公园	道路及滨河公园	依城乡道路或河流而建的公园。	1. 依城乡道路或河流而建，与道路河流形成一体； 2. 一般规模较大； 3. 具备生态、景观、文化等多种功能。	是现代城市的重要基础设施。
	小游园	规模较小的公园。	1. 面积在 1 公顷以下； 2. 有一定的园林环境； 3. 有简单的设施。	是城乡公园系统重要的组成部分。
	风景名胜区	自然景观、人文景观比较集中，环境优美，可供人们游览或者进行科学、文化活动，具有重要的生态保护功能和为大众提供休闲功能的区域。	1. 面积一般应在 10 平方公里以上； 2. 具备较为集中的自然、人文景观； 3. 是文化名城和宜居城市的重要组成部分。	是文化名城和宜居城市的重要组成部分。
广义公园	自然保护区	为保护珍贵和濒危动、植物以及各种典型生态系统，保护珍贵的地质剖面，为进行自然保护教育、科研和宣传活动提供场所，并在指定的区域内开展旅游和生产活动而划定的特殊区域的总称。保护对象还包括有特殊意义的文化遗迹等。		
	地质公园	以具有特殊地质科学意义，稀有的自然属性、较高的美学观赏价值，具有一定规模和分布范围的地质遗迹景观为主体，并融合其他自然景观与人文景观而构成的一种独特的自然区域。		
	农业公园	以向参观者提供观光、休闲为目的，以农业元素形成公园景观，配合有相关配套设施的现代农业形式。		
	森林公园	具有一定规模和质量的森林风景资源与环境条件，可以开展森林旅游与休闲，并按法定程序申报批准的森林地域。		
	湿地公园	城市湿地公园以湿地的自然复兴、恢复湿地的生态为特征，以形成开敞的自然空间，接纳大量的动植物种类、形成新的群落生境，为游人提供生机盎然的、多样性的游憩空间。		
	郊野公园	以原有绿化隔离带为基础改造而成的公园。		

结 语

一、北京公园通过分析分类，充分体现了北京的特点和优势。这种以历史名园为核心的、以广义公园为补充的宝塔式结构，既是现状的反映，也是适合“建设三个北京”和“世界城市”的战略要求。应当在理论和实践上不断补充和完善这种结构，制定相应的政策和策略，使之更科学更合理，促进公园事业的健康发展。

二、以历史名园为核心的包括遗址保护公园、文化主题公园、现代城市公园等，更多地体现了文化的内涵和城市的尊严，是城市的精神和魂魄，在“三个北京”和世界城市的建设中担当着更加重要的角色和使命。

三、以历史名园为核心的公园体系，是北京的优质资源，应当充分挖掘其潜质，完善管理机构和运行机制，努力打造世界名园，为最终实现把北京建设成为名副其实的具有中国特色的世界城市而努力。

参考文献

[1] 李敏:《中国现代公园——发展与评价》，北京科学技术出版社，1987 年。

[2] 北京市园林局编:《当代北京园林发展史（1949—1985 年)》。

[3] 景长顺编著:《风景园林手册系列 · 公园工作手册》，中国建筑工业出版社，2008 年。

[4] 陈向远:《城市大园林》，中国林业出版社，2008 年。

[6] 罗哲文:《中国古园林》，中国建筑工业出版社，2000 年。

[7] 郦芷若、朱建宁:《西方园林》，河南科学技术出版社，2002 年。

[8] 刘若晏:《御苑文化——颐和园寻根》，中国铁道出版社，2002 年。

[9] 张承安主编:《中国园林艺术辞典》，湖北人民出版社，1994 年。

[10] 张家骥编著:《中国园林艺术大辞典》，山西教育出版社，1997 年。

[11] 唐学山、李雄、曹礼昆编著:《园林设计》，中国林业出版社，2005 年。

[12] 上海园林科学研究所、上海风景园林学会:《上海园林科技》，《城市环境与绿地生态——17 届国际公园会议论

文集》，1996 年。

［13］西安市园林研究所、中国公园协会：《欧洲公园论文集——国际公园与康乐设施协会欧洲分会第六届大会》，1997 年。

［14］北京市园林局：《中央和北京市领导关于园林工作讲话选编（1949—1993 年）》。

［15］北京园林学会：《北京奥运和城市园林绿化建设》，2002 年。

［16］中国公园协会、北京市园林局：《新世纪——绿色文化》，《1999 年国际公园康乐协会亚太地区会议论文集》。

［17］中国城市建设与管理工作手册编委会：《中国城市建设与管理工作手册》，中国建筑工业出版社，1987 年。

［18］北京市公园绿地协会、北京市风景名胜区协会：《北京园林》，外文出版社，2006 年。

［19］北京市园林绿化局：《北京古树名木》，长城出版社，2008 年。

［20］《中国风景名胜大全》（北京卷），中国大百科全书出版社，2004 年。

［21］北京市园林局编：《北京园林文物精华》，五洲传播出版社，2001 年。

［22］景长顺：《公园漫步》，中国科技出版社，2006 年。

［23］北京园林年鉴编辑委员会编纂：《北京市园林年鉴》（1984—2005 年）。

［24］北京市公园管理中心、北京市公园绿地协会：《北京市公园年鉴》（2006—2007 年）。

［25］朱黎霞、李瑞东：《城市绿地分类标准的实践修正》，《中国园林》，2007 年第 7 期。

［26］李永雄、陈明仪、陈俊：《试论中国公园的分类与

发展趋势》，《中国园林》，1996 年第 3 期。

[27] 许浩：《美国城市公园系统的形成与特点》，《华中建筑》，2008 年第 11 期。

[28] 邵琳、黄嘉玮：《城市公园系统公共服务格局分析——以无锡市传统中心区为例》，《中国园林》，2007 年 11 期。

[29] 刘颂、姜允芳：《城乡统筹视角下再论城市绿地分类》，《上海交通大学学报（农业科学版）》，2009 年第 3 期。

[30] 朱黎霞、李瑞冬：《城市绿地分类标准的实践修正》，《中国园林》，2007 年第 7 期。

[31] 戴熠、金为民：《我国现行城市绿地分类标准解析》，《上海交通大学学报（农业科学版）》，2003 年第 2 期。

[32] 刘骏、蒲蔚然：《对新编〈城市绿地分类标准〉（CJJ/T85—2002）的几点意见》，《中国园林》，2003 年第 2 期。

[33] 吴人韦：《城市绿地的分类》，《中国园林》，1999 年第 6 期。

附表一　北京市登记注册公园（313 家）

	公园名称
市公园管理中心（11）	颐和园、天坛公园、北海公园、景山公园、陶然亭公园、玉渊潭公园、香山公园、紫竹院公园、北京动物园、中山公园、北京市植物园
市总工会（1）	北京市劳动人民文化宫
城建集团（2）	双秀公园、东单公园
东城区（20）	地坛公园、柳荫公园、青年湖公园、永定门公园、皇城根遗址公园、菖蒲河公园、奥林匹克社区公园、北二环城市公园、地坛园外园、明城墙遗址公园、南馆公园、北京游乐园、龙潭西湖公园、玉蜓公园、龙潭公园、二十四节气公园、燕墩公园、前门公园、角楼映秀公园、桃园公园
西城区（20）	什刹海公园、月坛公园、人定湖公园、北滨河公园、永定门公园、南礼士路公园、顺成公园、玫瑰公园、白云公园、官园公园、德胜公园、西便门城墙遗址公园、莲花河城市休闲公园、北京大观园、万寿公园、宣武艺园、北京滨河公园、翠芳园、丰宣公园、长椿苑公园
朝阳区（37）	日坛公园、北京中华民族园、朝阳公园、红领巾公园、兴隆公园、元大都城垣（土城）遗址公园、奥林匹克森林公园、北京金盏郁金香花园、杜仲公园、团结湖公园、四得公园、丽都公园、太阳宫公园、将府公园、东坝郊野公园、北小河公园、朝来森林公园、太阳宫体育休闲公园、东一处公园、望湖公园、立水桥公园、大望京公园、白鹿公园、鸿博郊野公园、镇海寺郊野公园、海棠郊野公园、京城槐园、东风公园、金田郊野公园、八里桥公园、老君堂郊野公园、古塔公园、京城梨园、常营公园、北焦公园、庆丰公园、朝来农艺园
海淀区（16）	圆明园遗址公园、玲珑园、会城门公园、马甸公园、阳光星期八公园、南湖公园、元大都城垣（土城）遗址公园、海淀公园、长春健身园、上地公园、百旺公园、碧水风荷公园、温泉公园、东升八家郊野公园、丹青圃郊野公园、玉东郊野公园

续表一

	公园名称
丰台区（24）	莲花池公园、北京世界公园、鹰山森林公园、青龙湖公园、石榴庄公园、北京南宫世界地热博览园、万芳亭公园、中国人民抗日战争纪念雕塑园、桃园公园、南苑公园、长辛店公园、丰台园区公园、丰台花园、万泉寺公园、世界花卉大观园、怡馨花园、海子郊野公园、嘉河公园、御康郊野公园、万丰公园、丰益公园、高鑫公园、云岗森林公园、天元郊野公园
石景山区（9）	八大处公园、石景山游乐园、法海寺森林公园、半月园公园、松林公园、小青山公园、石景山雕塑公园、古城公园、北京国际雕塑公园
门头沟区（7）	黑山公园、门头沟滨河公园、滨河世纪广场、葡萄嘴山地公园、在水一方公园、东辛房公园、石门营公园
房山区（34）	白水寺公园、昊天广场公园、燕山公园、韩村河公园、燕华园、北潞园健身公园、房山迎宾公园、朝曦公园、北京中华石雕艺术公园、中国版图教育公园、圣泉公园、文体公园、贾公祠公园、长阳体育公园、燕怡园（青年园）、双泉河公园、宏塔公园、周口店镇中心公园、阎村文化产业园、富恒农业观光园、南洛村森林公园、京白梨大家族主题公园、府前公园、塞纳园、青龙湖镇焦各庄公园、青龙湖镇石梯公园、青龙湖镇沙窝公园、青龙湖镇果各庄公园、青龙湖镇坨里公园、青龙湖镇常乐寺公园、街心公园、煦畅园、韩村河龙门农业生态园、昊天公园
通州区（15）	西海子公园、漫春园、玉春园、运河公园、梨园主题公园、假山公园、宋庄镇临水公园、三八国际友谊林公园、萧太后河公园、漷县镇圣火公园、萧太后码头遗址公园、台湖艺术公园、减河后花园、街心花园、宋庄镇奥运森林公园
顺义区（15）	顺义公园、朝凤森林公园、减河凤凰园、李各庄农民公园、卧龙公园、天竺镇公园、怡园公园、北京汉石桥湿地公园、木林镇公园、光明文化广场公园、减河五彩园、龙湾屯双源湖公园、顺义和谐广场公园、花卉博览会主题公园、潮白柳园
昌平区（9）	昌平公园、赛场公园、南口公园、亢山公园、百善中心公园、东小口森林公园、回龙园公园、回龙观体育公园、永安公园

续表一

	公园名称
大兴区（22）	团河行宫遗址公园、北京中华文化园、康庄公园、街心公园、黄村儿童乐园、国际企业文化园、兴旺公园、北京野生动物园、金星公园、杨各庄湿地公园、天水科技企业文化公园、旺兴湖郊野公园、采育镇文化休闲公园、明珠广场、半壁店森林公园、青云店镇公园、东秀湖公园、东孙村公园、崔营民族公园、留民营生态科普公园、兴海休闲公园、兴海公园
平谷区（6）	平谷世纪广场、峪口广场、东鹿角街心公园、张各庄人民公园、山东庄绿宝石广场、鱼子山街心公园
怀柔区（39）	百芳园、凤翔公园、沙峪村东公园、滨湖健身公园、体育公园、迎宾环岛公园、八旗文化广场公园、碾子浅水湾公园、十二生肖公园、慧友文化广场公园、凤山百果园公园、绿林公园、世纪公园、黄花城公园、八宝堂湿地公园、杨树下敛巧饭公园、狼虎哨林下休闲公园、双文铺公园、后河套公园、板栗公园、怡然公园、后桥梓文化广场公园、小龙山公园、北京圣泉山公园、北宅百亩公园、明星公园、法制廉政公园、汤河口镇桥头公园、满乡文化园、鹰手营公园、乡村公园、神庙公园、马到成功公园、栗花沟公园、兴海公园、滨湖人口文化园、乡土植物科普园、水库周边景观带状公园、世妇会纪念公园
密云县（19）	冶仙公园、密虹公园、奥林匹克健身园、法制公园、时光公园、云启公园、滨河公园、白河公园、太扬公园、密云县太师屯世纪体育公园、古北口村御道公园、古北口镇历史文化公园、人民公园、不老屯镇政府公园、迎宾公园、明珠生态休闲公园、高岭公园、云水公园、长城环岛公园
延庆县（9）	夏都公园、香水苑公园、江水泉公园、妫川广场、三里河湿地生态公园、百泉公园、妫水公园、迎宾公园、张山营镇镇前公园

附表二　北京市历史名园（21 家）

序号	名称	区属	概况
1	天坛公园	北京市公园管理中心	始建于明永乐十八年（1420 年），又经明嘉靖、清乾隆等朝增建、改建，是明、清两代皇帝“祭天”“祈谷”的场所。天坛占地 210.2 公顷，1913 年辟为公园对外开放。1961 年天坛被列为全国重点文物保护单位。1998 年被列入《世界文化遗产名录》。2008 年北京奥运圣火在天坛传递，残奥会圣火取火仪式暨火炬接力启动仪式在天坛祈年殿前举行。
2	颐和园	北京市公园管理中心	始建于清乾隆十五年（1750 年），原名“清漪园”，1860 年被英法联军烧毁，1886 年清政府重修，并于两年后改名“颐和园”。1900 年，八国联军侵入北京，颐和园再遭洗劫，1902 年清政府又予重修。颐和园占地 290.13 公顷，1924 年辟为公园对外开放。1961 年颐和园被列为全国重点文物保护单位。1998 年被列入《世界文化遗产名录》。
3	北海公园	北京市公园管理中心	始建于辽代，随后又经金、元、明、清朝代不断扩建修缮，尤其是清乾隆时期对北海进行大规模的改扩建，奠定了此后的规模和格局。北海占地 68.2 公顷，1925 年辟为公园对外开放。1961 年北海及团城被列为全国重点文物保护单位。著名的燕京八景中的“琼岛春阴”、“太液秋波”就在园中。
4	景山公园	北京市公园管理中心	位于京城中轴线上，与故宫神武门相对，始建于金大定十九年（1179 年）。明永乐十八年（1420 年），将拆除旧皇城的渣土和挖新紫禁城筒子河的泥土堆积在元朝建筑迎春阁的旧址上，形成一座土山，取名“万岁山”。清顺治十二年（1655 年），“万岁山”改名为“景山”。占地 23 公顷，1955 年建成开放，山上东西排列着建于清乾隆十七年（1752 年）的五座古亭，最高峰上的“万春亭”是中轴线上的最高点。

续表二

序号	名称	区属	概况
5	香山公园	北京市公园管理中心	位于西郊，占地 180.05 公顷，1956 年建成开放，是一座具有皇家园林特色的大型山林公园。始建于金大定二十六年（1186 年），距今已有 800 多年历史。元、明、清都在此营建离宫别院，为皇家游幸驻跸之所。清乾隆十年（1745 年）成二十八景，后筑围墙并赐名“静宜园”。后遭英法联军和八国联军的焚掠。2001 年碧云寺被列为全国重点文物保护单位。
6	日坛公园	朝阳区	始建于明朝嘉靖 9 年（1530 年），为明清两代皇帝祭祀太阳大明之神的地方。占地 20.62 公顷，1951 年建成开放，是北京著名文物古迹“五坛”之一。2006 年日坛公园被列为全国重点文物保护单位。
7	月坛公园	西城区	原名“夕月坛”，明嘉靖九年（1530 年）兴建，是明清两代皇帝祭祀月亮夜明之神的地方。占地 7.97 公顷，1955 年建成开放，园内景观紧扣“月”的主题，突出了秋的意境，成为北京一处优美的赏月和游览胜地，是北京著名文物古迹“五坛”之一。2006 年被列为全国重点文物保护单位。
8	地坛公园	东城区	地坛又称方泽坛，是古都北京五坛中的第二大坛。始建于明嘉靖九年（1530 年）是明清两朝帝王祭祀“皇地祇神”的场所，也是我国现存的最大的祭地之坛。占地 43.05 公顷，1984 年 5 月建成开放。整个建筑从整体到局部都是遵照我国古代“天圆地方”、“天青地黄”、“天南地北”、“龙凤”、“乾坤”等传统和象征传说构思设计的。1985 年开始举办的“地坛庙会”久负盛名，鲜明的民族、民俗、民间特色，给春节增添了浓厚的节日氛围。2006 年地坛公园被列为第六批全国重点文物保护单位。

续表二

序号	名称	区属	概况
9	中山公园	北京市公园管理中心	位于天安门西侧，占地 23. 8 公顷，1914 年对外开放，是一座带有纪念性的古典坛庙园林。原是辽代兴国寺，明永乐十九年(1421 年)，改建为社稷坛，成为皇帝祭祀土地神、五谷神的场所。1914 年辟为中央公园，后因孙中山先生的灵柩曾在园内拜殿里停放，于是 1928 年改名为中山公园。1988 年社稷坛被列为全国重点文物保护单位。由于特殊的地理位置，许多重大的游园活动在公园举办。
10	玉渊潭公园	北京市公园管理中心	位于海淀区西三环，与“中央电视塔”隔路相望，早在金代，这里就是金中都城西北郊的风景游览圣地，辽金时代，这里河水弯弯，一片水乡景色。清乾隆三十八年（1773 年）著名的香山引河治水工程，开掘了玉渊潭湖系。玉渊潭公园为北京市重点文物保护单位。占地 136. 69 公顷，其中水面积 61 公顷，1960 年开放。公园每年春季举办“樱花赏花会”。
11	紫竹院公园	北京市公园管理中心	位于海淀区，远在三世纪，曾是古代高梁河的发源地。金代大定二十七年（1159 年）以后，成为一个蓄水湖。明代万历五年（1577 年），“慈圣皇太后”出资巨万，在广源闸西边兴建万寿寺时，这里成万寿寺的下院，清朝乾隆皇帝赐名为“紫竹禅院”，紫竹院公园为北京市重点文物保护单位。占地 47. 35 公顷，其中水面面积 16 公顷，1953 年建成开放。园中三湖两岛、一河一渠（长河与紫竹渠），翠竹占地 14 公顷，是一座以水景为主，以竹景取胜，深富江南园林特色的大型公园。

续表二

序号	名称	区属	概况
12	陶然亭公园	北京市公园管理中心	位于宣武区南二环陶然桥西北侧，占地56.56公顷，其中水面面积16.15公顷，1958年建成开放。为清康熙三十四年（1695年）工部郎中江藻所建，初名江亭。江藻所撰“陶然吟”石刻镶嵌在亭南壁。园内慈悲庵，为元代古刹。1952年全面整修辟为公园。为北京市重点文物保护单位。1985年修建的华夏名亭园，精选国内“沧浪亭”、“醉翁亭”、“兰亭”等36座名亭，按1:1的比例仿建而成。是一座以亭景为主的大型公园。
13	北京动物园	北京市公园管理中心	位于西城区西直门外，清朝光绪三十二年（1906年），在原乐善园、继园（又称“三贝子花园”）和广善寺、惠安寺旧址上建农工商部农事实验场。占地86公顷，其中水面积8.6公顷，1907年对外开放。1949年9月1日定名为“西郊公园”。1955年4月1日正式改名为“北京动物园”。2006年清农事实验场被列为全国重点文物保护单位。是中国开放最早、饲养动物最多的动物园之一。有亚洲最大的内陆海洋馆。目前园内饲养展览动物450余种4500多只，海洋鱼类及海洋生物500余种10000多尾。
14	北京植物园	北京市公园管理中心	位于北京西山脚下，始建于1956年，占地面积157公顷。植物园由名胜古迹区、植物展览区、科研区和自然保护区四部分组成。有卧佛寺、樱桃沟、隆教寺遗址、“一二·九”纪念亭、梁启超墓、黄叶村曹雪芹纪念馆等。2003年，投资2.6亿元，建造了面积6000多平方米，亚洲最大的植物温室。2001年卧佛寺被列为全国重点文物保护单位。

续表二

序号	名称	区属	概况
15	北京市劳动人民文化宫	北京市总工会	位于天安门东侧。原为太庙，建于明永乐十八年（1420 年），是明清两代皇帝祭祖的宗庙。与故宫、社稷坛（现中山公园）同时建造，是紫禁城重要的组成部分。1950 年 5 月 1 日，占地 19.7 公顷，由毛泽东主席命名并亲笔题写匾额的“北京市劳动人民文化宫”建成开放。2008 年北京奥运会倒计时百天庆祝活动在此举行。1988 年太庙被列为第三批全国重点文物保护单位。
16	圆明园遗址公园	海淀区	圆明园是由圆明园、长春园、绮春园（万春园）三园组成，通称圆明园。有园林风景百余处，是清朝帝王用 150 余年创建和经营的一座大型皇家宫苑。最初是康熙皇帝赐给皇四子胤禛的花园。雍正皇帝即位后，拓展原赐园，在园南增建正大光明殿和勤正殿，以及内阁、六部、军机处等，御以“避喧听政”。至乾隆三十五年（1770 年），“圆明三园”的格局基本形成。咸丰十年（1860 年）英法联军攻入北京，纵火焚毁了圆明园，这场大火持续了三天三夜。1979 年圆明园遗址被列为北京市重点文物保护单位。1988 年圆明园遗址公园被列为第三批全国重点文物保护单位。
17	恭王府	文化部	位于什刹海西北角。又名翠锦园，建于 1777 年，曾为清乾隆时大学士和珅私宅，嘉庆四年（1799 年）改为庆王府。咸丰元年（1851 年）改赐道光皇帝第六子恭亲王奕訢始称“恭王府”。恭王府是北京现存最完整、布置最精的一座清代王府，“一座恭王府，半部清代史。”1982 年恭王府花园被列为第二批全国重点文物保护单位。

续表二

序号	名称	区属	概况
18	宋庆龄故居	宋庆龄基金会	位于西城区后海北岸，原是中国末代皇帝爱新觉罗·溥仪的父亲醇亲王载沣的府邸花园，也称西花园。1962年，辟为宋庆龄的住所。1981年5月29日宋庆龄逝世，成为故居。。故居占地2.8公顷，是一处雍容典雅、幽静别致的庭园。1982年宋庆龄故居被列为第二批全国重点文物保护单位。
19	什刹海公园	西城区·	元代，这里曾是南北大运河北段的起点，什刹海公园占地由54.6公顷，由西海、后海、前海组成，为一条自西北斜向东南的狭长水面。三湖一水相通，以后海水面最大。被人们称为老北京最美的地方，什刹海地区共有文物保护单位40处，其中国家级4处、市级13处、区级23处。
20	莲花池公园	丰台区	是北京地区一处古老的名胜之地，也是都城的重要水源。有“先有莲花池后有北京城”之说，距今有3000多年的历史，辽、金时代曾在莲花池西南建了都城。莲花池公园占地53.6公顷，1990年建成，是一处保留原始风光与水趣的游览之地。1998年又开始恢复建设，2000年12月一期工程完工，正式接待游人。莲花池公园为北京市重点文物保护单位。
21	八大处公园	石景山区	位于西山风景区南麓，是一座历史悠久、风景宜人的佛教寺庙山地园林。占地253公顷，1956年建成开放。为北京市重点文物保护单位。园中八座古刹最早建于隋末唐初，历经宋元明清历代修建而成。其中灵光寺、长安寺、大悲寺、香界寺、证果寺均为皇帝敕建。灵光寺辽招仙塔中曾供奉释迦牟尼佛牙舍利，1900年毁于八国联军炮火，建国后经周恩来总理批准重建佛牙舍利塔。

附表三 北京市风景名胜区（26家）

序号	名称	级别	区属	面积（平方公里）	审定公布时间（年）	简介
1	八达岭—十三陵风景名胜区	国家级	延庆县、昌平区	286	1982	由八达岭、十三陵、居庸叠翠、银山塔林、沟崖、虎峪、碓臼峪、十三陵水库八个景区组成。
2	石花洞风景名胜区	国家级	房山区	84.7	2002	以岩溶洞穴为主要旅游内容的风景区，中国四大名洞之一，华北地区岩溶洞穴的典型代表。
3	慕田峪长城风景名胜区	市级	怀柔区	90.8	2000	以长城和植被、山岭构成“长城形胜、京畿翠屏”的独特景观，“雄中见险、雄险相间、刚柔相济”，是长城风景资源体系中最具典型意义的一处。
4	十渡风景名胜区	市级	房山区	301	2000	华北地区最大的岩溶峰林峪谷景区，以“青山野渡，百里画廊”著称。
5	东灵山—百花山风景名胜区	市级	门头沟区	300	2000	北京地区海拔最高的风景名胜区，由东灵山最高峰火山岩夷平面草甸、龙门涧喀斯特峡谷峰丛、小龙门石灰岩森林植被和百花山火山岩夷平面草甸等组成。
6	潭柘—戒台风景名胜区	市级	门头沟区	73	2000	潭柘寺是北京地区历史最为悠久的寺庙，戒台寺具有汉传佛教最高级别的戒台，两者都是皇家寺庙园林的代表之作。景区以寺观景观与山林景观的完美结合为特点。
7	龙庆峡—松山—古崖居风景名胜区	市级	延庆县	223	2000	包括龙庆峡、松山、古崖居、玉都山四个景区。

续表三

序号	名称	级别	区属	面积(平方公里)	审定公布时间(年)	简介
8	金海湖—大峡谷—大溶洞风景名胜区	市级	平谷区	285	2000	景区内有“黄草洼泉”、“御井泉”、“北高泉”等十多处泉群；有上宅、兴善寺、轩辕庙、峨眉山营等古遗址及金花公主墓、烽台葬区、西高村墓葬区等古墓葬区及众多古建，形成“美湖、奇峰、险峡、幽谷、雄关、古洞、温泉、花海”的风景特点。
9	云蒙山风景名胜区	市级	密云县、怀柔区	209	2000	由国家森林公园、黑龙潭、京都第一瀑、清凉谷、天仙瀑、九道湾、桃园仙谷、云蒙峡、五座楼森林公园等 11 个景区、景点组成。
10	云居寺风景名胜区	市级	房山区	42. 3	2004	云居寺始建于隋末唐初，现景区内保留有唐、辽砖塔 10 多座，尤以 14278 块石刻佛教大藏经著称于世。1961 年，被国务院公布为首批全国重点文物保护单位。
11	白洋沟风景名胜区	区(县)级	昌平区	33. 3	2000	景区由白羊城古迹园林区、摆游垂钓迎宾区、黄土峻岭登山区、诗歌水曲抒情区，鱼林寨种养基地、黄楼长城游览区、黄场特种养殖基地、小天山牧场组成。
12	白虎涧风景名胜区	区(县)级	昌平区	9. 3	2000	景区山峰错落林立，山体绵延宏伟，有“神岭千峰”之称。
13	大杨山风景名胜区	区(县)级	昌平区	4	2000	以巨型花岗石为主体，山势陡峭，森林茂盛。景区内有辽代寺庙 8 处、古塔 10 余座。

续表三

序号	名称	级别	区属	面积(平方公里)	审定公布时间(年)	简介
14	桃峪口风景名胜区	区(县)级	昌平区	10	2000	位于昌平区西部，以桃花峪水库为主景观，青山环抱，植被丰富。
15	珍珠湖风景名胜区	区(县)级	门头沟区	86.4	2000	兼具众多山水景观，峰峦叠嶂，山环水绕，有京西小三峡、小漓江之称。
16	妙峰山风景名胜区	区(县)级	门头沟区	20	2000	主要景点有栖隐寺、滴水岩、庄士敦别墅、红樱桃山庄、玫瑰仙苑、静乐垂钓园等，其中娘娘庙始建于明代，供奉道、佛、儒、民俗各类神祇，是明清时期京城最著名的宗教圣地。
17	白草畔风景名胜区	区(县)级	房山区	50	2000	景区以百花争艳的高山草甸景观为特点，拥有丰富的奇花异草、野果山菜和野生动植物资源。有鲲鹏峡谷、高坪百草、神洞仙道三大景点。
18	将军坨风景名胜区	区(县)级	房山区	1.1	2000	生态型自然风景区，其中果园370亩，风景林230亩。
19	上方山风景名胜区	区(县)级	房山区	3.5	2000	山、林、洞、寺、馆一体的风景名胜区。
20	司马台风景名胜区	区(县)级	密云县	35	1999	司马台长城位于河北滦平县与北京密云县的交界处，是万里长城中最险要的一段，被联合国教科文组织确定为“世界级珍品”特级文物。
21	白龙潭风景名胜区	区(县)级	密云县	10	1999	地处燕山长城脚下，山灵水秀，峰多石怪，叠潭垂锦，松柏满坡，四殿、十八亭等古建筑历经宋、元、明、清数代修建而成。

续表三

序号	名称	级别	区属	面积(平方公里)	审定公布时间(年)	简介
22	云岫谷风景名胜区	区(县)级	密云县	20	2000	景区内奇峰、洞穴、峡谷、潭瀑众多，野生动物资源丰富，并有长城、湖泊、营城等人文景观，尤以水秀石红的地质现象、冰川漂砾巨石、6000 亩封闭式狩猎场等著名。
23	唐指山风景名胜区	区(县)级	顺义区	15	2000	景区由神唐湖、神唐谷、唐指山及周边地区组成，神唐谷内有许多古迹，素有“三潭”、“六洞”、“十八景”之称。
24	鹫峰风景名胜区	区(县)级	海淀区	8.1	2000	因山顶两座山峰好似一只振翅欲飞的鹫鸟而得名，现为北京林业大学的试验林场。
25	凤凰岭风景名胜区	区(县)级	海淀区	9.7	2000	风景区内人文景观众多，佛教、道教、儒教等宗教文化以及古老的东方养生文化的遗址、遗物、遗迹，比比皆是，有南、中、北三条旅游路线，素有“京西小黄山”的美誉。
26	阳台山风景名胜区	区(县)级	海淀区	16	2000	景区内植物种类繁多，植被层次丰富，其中古树名木占全区的 51.9%，景区内还有金章宗“西山八大水院”之中的金水院和香水院。

附表四 北京市自然保护区（20 家）

一、林业主管自然保护区

序号	名称	区属	面积（公顷）	批准文号	批建时间（年）	保护对象	简介
1	松山国家级自然保护区	延庆县	4660	国务院国发【86】75 号	1986	金钱豹、兰科植物、油松天然林	四面环山，地势北高南低，多数山地海拔在 1200～1600 米之间，形成中山山地峡谷，山势险峻陡峭。
2	百花山国家级自然保护区	门头沟区	21743		1985	褐马鸡、兰科植物、落叶松	属森林生态系统类型自然保护区，目前北京市面积最大的高等植物和珍稀野生动物自然保护区。2008 年 1 月，被国务院审定为全国 19 处新建国家级自然保护区之一。
3	喇叭沟门市级自然保护区	怀柔区	18480	市政府京政函【1999】147 号	1999	天然次生林	有原始次生林 1.848 万公顷，植物极其丰茂，生态环境极其丰富，野生动物 300 多种，景点上百处。
4	野鸭湖市级自然保护区	延庆县	9000	市政府京政函【2000】202 号	2000	湿地、候鸟	野鸭湖是官厅水库延庆辖区及环湖海拔 479 米以下淹没区及滩涂组成的人工湿地，是北京唯一的湿地鸟类自然保护区。

续表四

序号	名称	区属	面积（公顷）	批准文号	批建时间（年）	保护对象	简介
5	云蒙山市级自然保护区	密云县	3900	市政府京政函【2000】202号	2000	次生林自然演替	保护区内森林茂密，植被繁茂，野生动植物资源十分丰富，森林覆盖率达91%以上。境内山势耸拔雄伟，奇峰异石多姿，飞瀑流泉遍布，云雾变化莫测，自然风景优美。
6	云峰山市级自然保护区	密云县	2230	市政府京政函【2000】202号	2000	天然油松林	山景雄伟、水库壮阔，有丰富的文物资源，尤以千年古刹超胜庵、北京地区规模最大的摩崖石刻群著名。
7	雾灵山市级自然保护区	密云县	4150	市政府京政函【2000】202号	2000	金钱豹等珍稀动植物	山势雄伟、景色秀丽，充满自然野趣，奇峰怪石林立。
8	四座楼市级自然保护区	平谷区	20000	市政府京政函【2002】107号	2002	森林生态系统	保护区是北京自然保护区网络的重要节点，也是京津冀地区生态安全格局的战略点。
9	玉渡山县自然保护区	延庆县	9820	市政府京政函【1999】168号	1999	野生动植物	景区内有维管束植物105科、380属、713种，有动物300多种。
10	莲花山县自然保护区	延庆县	1470	市政府京政函【1999】168号	1999	野生动植物	核定总面积为1470公顷，主要保护对象为地质生态类型的自然景观及野生动植物。

续表四

序号	名称	区属	面积（公顷）	批准文号	批建时间（年）	保护对象	简介
11	大滩次生林县级自然保护区	延庆县	12130	市政府京政函【1999】168号	1999	野生动植物	区内植被茂密，林木覆盖率达到95%以上，主要有温带阔叶次生林、灌木丛等3个植物群落，有72种植物，植物资源丰富；动物种类繁多，有国家和北京市重点保护的金钱豹、野猪、狼、獾等19种，有喜鹊、麻雀、鹰等鸟类30种。
12	金牛湖县级自然保护区	延庆县	1000	市政府京政函【1999】168号	1999	湿地	划定总面积1000公顷，主要保护对象为天然湿地及水禽和鸟类。
13	白河堡县级自然保护区	延庆县	8260	市政府京政函【1999】168号	1999	湿地	划定总面积8260公顷，主要保护对象为林、灌、草组成的水源涵养林及饮用水、天然湿地。
14	太安山县级自然保护区	延庆县	3470	市政府京政函【1999】168号	1999	野生动植物	位于旧县镇境内，1996年7月经县政府批准建立县级自然保护区，划定面积3470公顷，主要保护对象为野生动植物。

续表四

序号	名称	区属	面积（公顷）	批准文号	批建时间（年）	保护对象	简介
15	蒲洼自然保护区	房山县	5396.5		2005	褐马鸡、中华蜜蜂、珍稀动植物	有大面积辽东栎林、核桃楸林、山杨林等天然林，森林覆盖率达74%；有动植物947种，其中植物552种，动物和昆虫295种，大型真菌100种。
16	汉石桥湿地	顺义区	1600		2005	湿地及候鸟	北京市唯一现存的大型芦苇沼泽湿地以及多种珍稀水禽的栖息地，其中国家Ⅰ级重点保护野生动物2种，国家Ⅱ级重点保护野生动物17种。

二、农业渔政主管自然保护区（湿地类型）

序号	名称	区属	面积（公顷）	批准文号	批建时间（年）	保护对象	简介
17	拒马河市级水生野生动物自然保护区	房山区	1125	市政府93次常委会	1996	水生动物	拒马河在北京境内流域面积433.8平方公里，有野生植物500多种，野生动物数十种，包括国家一级保护动物黑鹳。

续表四

序号	名称	区属	面积（公顷）	批准文号	批建时间（年）	保护对象	简介
18	怀沙河—怀九河市级水生野生动物自然保护区	怀柔区	111	市政府93次常委会	1996	水生动物	保护区内分布着国家二级重点保护水生野生动物大鲵（娃娃鱼），以及北京地区稀有的中华九刺鱼，现已发现鱼类24种、两栖类4种、鸟类26种、蛇鼠类17种、兽类12种。

三、国土地质主管自然保护区

序号	名称	区属	面积（公顷）	批准文号	批建时间（年）	保护对象	简介
19	石花洞市级自然保护区	房山区	3650	市政府京政函【2000】202号	2000	溶洞群	以岩溶洞穴为主要旅游内容的景区，中国四大名洞之一，华北地区岩溶洞穴的典型代表。
20	朝阳寺市级木化石自然保护区	延庆县	2050	市政府京政函【2000】202号	2000	木化石	位于千家店镇境内，1996年7月经县政府批准建立县级自然保护区，核定总面积为1440公顷；2000年12月，经市政府批准，升格为市级自然保护区，重新核定总面积为2050公顷，主要保护对象为木化石。

附表五　北京市湿地公园（6家）

序号	名称	级别	区属	面积（公顷）	保护对象	简介
1	野鸭湖自然保护区	市级	延庆县	9000	湿地、候鸟	包括官厅水库延庆辖区及环湖海拔479米以下淹没区、滩涂，是北京唯一一处湿地鸟类自然保护区。
2	拒马河水生野生动物自然保护区	市级	房山区	1125	水生动物	拒马河在北京境内河长61公里，流域面积433.8平方公里，保护区内有野生植物500多种，野生动物数十种，其中包括国家一级保护动物黑鹳。
3	怀沙河—怀九河水生野生动物自然保护区	市级	怀柔区	111	水生动物	保护区内有丰富的动植物资源，鱼类24种、两栖类4种、鸟类26种、蛇鼠类17种、兽类12种。其中，有国家二级重点保护水生野生动物大鲵及北京地区稀有的中华九刺鱼。
4	汉石桥湿地	市级	顺义区	1600	湿地、候鸟	北京市唯一的大型芦苇沼泽湿地以及多种珍稀水禽的栖息地，其中，国家Ⅰ级重点保护野生动物2种，国家Ⅱ级重点野生动物17种。
5	金牛湖自然保护区	县级	延庆县	1000	湿地	划定面积1000公顷，主要保护对象为天然湿地及水禽和鸟类。
6	白河堡自然保护区	县级	延庆县	8260	湿地	位于香营乡境内，划定总面积8260公顷，主要保护对象为林、灌、草组成的水源涵养林及饮用水、天然湿地。

附表六　北京市森林公园（24 家）

序号	名称	级别	审批单位	批准时间（年）	面积（公顷）	区属	简介	建设单位
1	西山国家森林公园	国家级	原国家林业部	1992	5933	跨海淀、石景山、门头沟三区	距离市区最近的森林公园，主要包括位于百望山山顶的望京楼、憋死猫、玉皇顶二环山路以及魏家村林地的松鹤山庄、靶场一四平台、白塔等处。	市西山试验林场
2	上方山国家森林公园	国家级	原国家林业部	1992	353	房山区	早在东汉光武年间就有僧人开山建寺，现已构成山、林、洞、寺、馆为一体的整体景观。	房山区上方山林场
3	蟒山国家森林公园	国家级	原国家林业部	1992	8582	昌平区	北京面积最大的森林公园，有北方最大的石雕大佛	市十三陵林场
4	云蒙山国家森林公园	国家级	原国家林业部	1995	2208	密云县	境内山势耸拔雄伟，奇峰异石多姿，飞瀑流泉遍布，云雾变化莫测，自然风景优美。	密云县云蒙山林场
5	小龙门国家森林公园	国家级	国家林业局	2000	1595	门头沟区	天然动、植物园，有动物 700 余种，其中哺乳动物 40 多种，鸟类 150 多种；有植物 844 种。	门头沟区小龙门林场

续表六

序号	名称	级别	审批单位	批准时间（年）	面积（公顷）	区属	简介	建设单位
6	鹫峰国家森林公园	国家级	国家林业局	2003	775	海淀区	北京林业大学的试验林场，因山峰形如鹫鸟，故名。	北林大妙峰山教学试验林场
7	大兴古桑国家森林公园	国家级	国家林业局	2004	1165	大兴区	属永定河近代洪积平原，地势平坦，有部分自然沙丘地貌，是目前华北最大、北京地区独有的千亩古桑园。全国唯一一家古桑森林公园。	大兴区安定、长子营镇政府
8	大杨山国家森林公园	国家级	国家林业局	2004	2107	昌平区	以巨型花岗石为主体结构，山势陡峭，森林茂盛，景区内有辽代古寺庙 8 处、古塔 10 余座。	昌平区兴寿镇政府
9	八达岭国家森林公园	国家级	国家林业局	2005	2940	延庆县	位于万里长城八达岭、居庸关之间，主要景区有红叶岭风景区、青龙谷风景区、丁香谷风景区、石峡风景区。	市八达岭林场
10	霞云岭国家森林公园	国家级	国家林业局	2005	21487	房山区	集度假、休闲、养生于一体的森林公园，园区内有“南苑、北域、一条观光带”。	房山区霞云岭乡政府

续表六

序号	名称	级别	审批单位	批准时间（年）	面积（公顷）	区属	简介	建设单位
11	北宫国家森林公园	国家级	国家林业局	2005	914	丰台区	丘陵型自然风景区，因帝王憩地而得名。公园始建于2002年10月，由东部、西部和中部三大景区和北宫山庄、茗盛楼两组配套设施组成。	丰台区林业局、长辛店乡
12	黄松峪国家森林公园	国家级	国家林业局	2005	4274	平谷区	公园内地形地貌奇特，森林茂密，动植物种类繁多。由明代长城、森林、高山草甸、碧峰、清流、湖泊、人文景观等组成。现有景区五个：京东大溶洞、京东石林峡、湖洞水、飞龙谷、淘金谷（矿山公园）。	平谷区黄松峪乡政府
13	天门山国家森林公园	国家级	国家林业局	2006	669	门头沟区	景点主要有石窟洞、天然长城、烽火台、蘑菇岭等。	门头沟区潭柘寺镇政府
14	琦峰山国家森林公园	国家级	国家林业局	2006	4290	怀柔区		怀柔区琉璃庙镇政府

续表六

序号	名称	级别	审批单位	批准时间（年）	面积（公顷）	区属	简介	建设单位
15	喇叭沟门国家森林公园	国家级	国家林业局	2008	11171	怀柔区	有原始次生林4666.667公顷，海拔1700多米高的南猴岭是怀柔区的最高峰，生态环境极其丰富。野生动物300多种，景点百余处。	怀柔区喇叭沟门满族乡
16	森鑫森林公园	市级	原市林业局	1994	981	顺义区	位于潮白河畔，有200公顷广袤的森林，133.33公顷广阔的水域。林水相映、水沙交融，具有休闲度假、会议、商务等综合接待功能。	市双清联合林场、顺鑫集团
17	五座楼森林公园	市级	原市林业局	1996	1367	密云县	五座关楼雄踞山巅，故名。	密云县五座楼林场
18	龙门国家森林公园	市级	原市林业局	1998	141	房山区		房山区周口店林场
19	马栏森林公园	市级	原市林业局	1999	281	门头沟区	在马栏林场基础上建立的森林生态旅游公园。	门头沟区马栏林场
20	白虎涧森林公园	市级	原市林业局	1999	933	昌平区	景区山峰错落林立，山体绵延宏伟，有“神岭千峰”之称。	昌平区阳坊镇林业站

续表六

序号	名称	级别	审批单位	批准时间(年)	面积(公顷)	区属	简介	建设单位
21	丫吉山森林公园	市级	原市林业局	1999	1144	平谷区		平谷区丫吉山林场
22	西峰寺森林公园	市级	北京市园林绿化局	2007	381	门头沟区	地处长安街延长线的西部端点上，林区内古道纵横交错，与万佛堂、宝林寺、潭柘寺、戒台寺、西峰寺相连，是古代进香的必经之路。按林区自然区域分为戒台寺林区、万佛堂林区和宝林寺林区。	门头沟区西峰寺林场
23	南石洋大峡谷森林公园	市级	北京市园林绿化局			门头沟区		
24	妙峰山森林公园	市级	北京市园林绿化局	2008	2264.7	门头沟区	囊括该镇涧沟、樱桃沟、南庄三个自然村，植物覆盖率98%以上。	妙峰山镇

附表七　北京市地质公园（6家）

序号	名称	区属	面积（平方公里）	简介
1	房山世界地质公园	房山区、河北省涞县、涞源县	953.95	由周口店北京人遗址科普区、石花洞溶洞群观光区、十渡岩溶峡谷综合旅游区、上方山—云居寺宗教文化游览区、圣莲山观光体验区、百花山—白草畔生态旅游区、涞水县野三坡综合旅游园区和白石山拒马源峰丛瀑布旅游区八个功能园区组成。
2	十渡国家地质公园	房山区	301	以岩溶景观为主体、多种地质遗迹并存，既有形奇态异的峰林、峰丛、峡谷，又有地下峡谷、落水洞及成群出现的岩溶洞穴、岩溶景观。
3	延庆硅化木国家地质公园	延庆县	226	位于延庆县城东北白河两岸，园区内的硅化木群以分布广、规模大、原地产出、保存完整为主要特点。现已发现57株，最高者达15米，最大直径为2.5米，是我国华北地区原生木化石群的典型代表，是研究中生代地球演化历史的重要佐证。
4	石花洞国家地质公园	房山区	36.5	主要由石花洞、清风洞、银狐洞、唐人洞和孔水洞五个岩溶洞穴景区组成，以独特的典型性、多样性、自然性、完整性和稀有性享誉国内外。其中石花洞、银狐洞溶洞群是洞穴沉积的典型代表，几乎汇聚了自然界岩溶洞穴的各种沉积类型。
5	平谷黄松峪地质公园	平谷区	64.4	地下岩溶地貌景观以2万多平方米的京东大溶洞为代表，是北京东北部山区目前已发现的规模最大的喀斯特溶洞。溶洞发育在距今15亿年左右沉积形成的碳酸盐岩地层中，有“天下第一古洞”之称。2009年，被评为国家级地质公园。

续表七

序号	名称	区属	面积（平方公里）	简介
6	房山区圣莲山地质公园	房山区	28	位于房山区史家营乡，因山体酷似莲花而得名。集历史文化遗产与人文景观于一体的大型旅游景区，由综合服务区、典型地质遗迹观赏区、“圣米”观赏区、岩洞洞穴游览区、地表岩溶地貌观赏区以及人文景观区等6个游览观赏区组成，北京市级地质公园。

附表八　北京市郊野公园（30家）

序号	名称	地址	简介	备注
1	老君堂公园	朝阳区十八里店乡老君堂村，西邻武警十三支队，东临五环路	公园充分体现郊野特点，体现自然生态景观，四季有绿三季有花，新颖自然的石屑路、木栈道，典雅的门区，别致的管理服务用房，点缀起伏的微地形。是一个集日常健身休憩及周末休闲活动为一体的环境优美、内容丰富、融合了现代健康休闲理念和郊野气息特色鲜明、配套合理的综合性公园。	以健身休憩、游赏为主的综合休闲公园。
2	京城梨园	朝阳区平房乡姚家园路与东五环路交汇处东南角	公园整体以自然、野趣为特色，以“梨花满枝花似雪、千树万树梨花开”为主要景象，同时升华梨园的文化内涵，体现戏曲文化；植物群落分为隔离林带、梨花林、以长绿为主的针阔混交林、以落叶为主的针阔混交林和以秋叶树为主的针阔混交林，各种建筑以白色基调点缀其中相互映衬，各级道路环绕园内连贯畅通。	
3	东风公园	朝阳区东风乡	公园以千亩生态林、丰富多彩的植物景观为特色，新植近三万株常绿、落叶乔木，四万株花灌木，地被花卉二十余万平方米。整个公园突出自然、科普、健康的理念，以青年路为界划分为东部园区和西部园区。东园建设以湖区为中心的春满园景区和集中展示树木生长科普知识的自然之路景区；西园主要包括展示多种植物健康药用功能的健康园和供游人林下健身休闲的健身园。	生态优先、环境优美、特色鲜明、配套合理的大型郊野公园，是满足周边居民生活休闲及健身的好场所。

续表八

序号	名称	地址	简介	备注
4	京城槐园	朝阳区平房乡东五环路以东	全园包含槐文化中心区、梨花伴月休闲区、林间民俗运动区、滨水休闲区四个景观功能区。分布有槐荫广场、花谷槐香、槐香小憩、梨花伴月等主要景点。公园内大量种植槐树以展示北京槐文化特色。着重渲染“夏木荫荫，槐花飘香”的夏季植物景观，沿湖和山谷的园路可观赏十多个不同种类的槐树，结合地域民俗文化，形成集休闲、游览、民俗活动为一体的郊野公园。	占地约73公顷，2009年5月建成并对市民免费开放。该项目与东坝郊野公园、常营公园相接，形成了一个庞大的郊野公园绿色板块。
5	金田郊野公园	朝阳区豆各庄乡以北于家围村	公园规划定位于城市森林景观，以现有高大乔木为依托，种植多品种的乔、花、灌木，形成“三季有花、四季常青”的丰富景观效果。主要景观区有：绚秋园、森林休闲区、特色植物区、湿地风景区。是一个集日常健身休憩及周末休闲活动为一体的以“森林、植物、自然、野趣”为特色的公园，充分体现植物品种多样、树木繁茂、林间休闲的特点，形成环境优美、特色鲜明的公园。	一期工程占地66.67公顷；2009年5月，对市民免费开放。
6	将府公园（一、二期）	朝阳区酒仙桥地区东侧	园设计总体分为六大功能区，分别为：驼房文化休闲区、林地休闲观赏区、将台水景休闲区、坝河水岸观赏区、球类体育运动区、京韵文化活动区。将府公园建设集中体现“挖掘将台文化打造公园品牌服务地区居民”的指导理念，为市民提供休闲、健身、娱乐场所。	北京市绿化隔离地区公园环项目之一。

续表八

序号	名称	地址	简介	备注
7	古塔公园	朝阳区高碑店路（近王四营路）	公园内有北京市保护文物—十方储佛宝塔（明代），为该公园的象征。每年3—5月连续三个月，以玉兰、海棠等为主要观赏植物的春花陆续开放；严冬雪后，古塔在白雪的映衬下显示出我国传统文化的特色景观。	以古塔为依托，集日常及周末休闲娱乐、文化体育等活动于一体的多元综合公园。
8	兴隆公园	京通高速路（高碑店段）南侧	仿古大门、仿古木制水榭及仿古景墙和集散广场，烘托出兴隆公园民俗文化的底蕴。位于公园西北角至北门，设有石刻将军碑景观，周围是将军林文化广场，外围是将军林。	
9	白鹿郊野公园	朝阳区南部地区王四营乡	公园景观突出四个创意特色："生态优先"、"突出特色"、"文化为魂"、"以人为本"。公园主要分为四大功能区："碧海寻源"文化休闲区；"夏锦丹枫"中心景观区；"绚秋硕果"秋实园景区；"悠林怡情"绿色休闲运动区。公园强调对地区传统文化脉络的延续与继承，是一个集生态休闲、健身游赏于一体的郊野特色公园。	此地区明朝时期为皇家饲养白鹿之场所，具有很深的历史渊源。公园由此命名为"白鹿公园"。
10	海棠公园	朝阳区十八里店乡	全园分为体育运动区、中心景观区、主入口区、儿童活动区、森林体验区、十字花廊六大景观功能区。公园充分体现郊野风格，以海棠、野花地被为植物景观特色，结合运动项目为周边居民提供了一个环境优美的游憩休闲场所。整体体现郊野公园生态优先、与自然相协调的特色。	海棠公园占地30公顷。

续表八

序号	名称	地址	简介	备注
11	鸿博公园	朝阳区小红门乡以南地区	公园以“假日之园，森林氛围”为主题，倡导现代的生态文化和休闲景观。公园将不同植物的色香味与季节特征不同变化相结合，划分各具植物特色的景观区，着重体现春、夏、秋、冬的色彩斑斓变化，是具有郊野特色的、开放性的综合公园。	2009年5月，向市民免费开放。
12	杜仲公园	朝阳区金卫路	杜仲公园前身是千亩杜仲林，园区内2.8万棵杜仲为主要树种，辅之以樱花、丁香、黄栌、石榴、金银木等乔灌木，色彩斑斓的多彩植物，形成京郊一道靓丽的风景线。	文化休闲、观光保健、药用植物观赏、科普、健康餐饮于一体的特色公园。
13	东坝郊野公园（一、二期）	朝阳区东坝乡	公园野趣横生，景观自然，以野花烂漫、浅水幽溪为主要景观特点。一期为田趣园，分为山水区、田园区、梨园区三个区，景观以果树为主；二期为林趣园，分为入口区、密林休闲区、林间水面休闲观赏区、林间健体休闲区、运动场区、滨水休闲区六个区，景观以片林为主。	
14	朝来森林公园	朝阳区来广营乡	植物品种80种，其中乔灌共计3.6万株，充分体现了物种多样性，形成一个丰富多彩的植物群落。园内有党和国家领导人植树区以及象征着世界和平、进步、友谊的“中国青年国际友谊林”，是具有政治意义和历史意义的园林。	

续表八

序号	名称	地址	简介	备注
15	常营公园（一、二期）	朝阳区常营幺家店路	公园突出秋景园特色，兼顾四季景观，植物的品种选择富于季相变化。延续保留的千亩银杏林，栽植秋景植物，形成秋景植物带，以高大乔木形成自然园界，花灌木相结合形成春景植物带。沿公园游览线和主要活动场，形成夏景植物环。	以大众化、传统型体育健身内容为主要特色，为居民提供一个体育健身、文化娱乐、交流思想和表达感情的优美场所。
16	太阳宫体育休闲公园	朝阳区太阳宫乡北部	公园以运动休闲为特色，设置自行车健康路和多种活动空间，是太阳宫及望京地区融游憩、休闲、健身活动为一体的特色鲜明的体育休闲公园。公园共分为四大景区、八个景点。四大景区分别是森林氧吧区、综合服务区、特色种植区和健身休闲区；分布在四大景区中的八个主要景点是天台远眺、地池秋舞、凌波微步、林中觅幽、蓝桥探春、激情飞扬、蝉噪荷池、乐隐桃林。	
17	丹青圃公园（一期）	海淀玉泉山西南部	体现诗情画意的园林景观，形成融合现代健康休闲理念和郊野气息、设施配置合理的休闲公园。公园植物景观丰富，是假日休闲游玩的好去处。	

续表八

序号	名称	地址	简介	备注
18	八家地郊野公园	海淀区东升乡	公园大量种植宿根花卉作为地被植物；面积多达30余万平方米，种类多达100余种，尤其是种植了较多的北京野生宿根花卉，如二月兰、蒲公英、连钱草、蛇莓等；结合原有绿隔的植物群落特征，局部调整，创造出贴近自然林地的植物群落外观。公园分为管理服务中心、科普训练基地、康体健身步道、文化休闲区和儿童活动区五个功能区。	
19	长春健身园	海淀区昆玉河畔万柳地区	长春健身园面积10.6万平方米，共种植乔灌木1.6万多株，草坪4万平方米；园内修建了4个网球场、5个篮球场以及健身区和儿童活动区等诸多体育健身设施，不同年龄段的人们均可在园中找到适合自己的体育、休闲设施。整个公园绿树掩映，碧草如波，“自然”与“运动”和谐共处，休闲运动融入自然景物之中。	2007年10月1日，向市民免费开放。
20	玉泉郊野公园	海淀区玉泉山以南	公园自然风景优美，富有山野情趣，以香山、玉泉山和颐和园的著名诗词为造园思路，依靠山势设计，与周围景色融为一体，园内种植常绿及大乔木8000株，种植小乔木及灌木10万株，种植地被和草坪9.3万平方米，还建有方形花架、园亭等休憩场所。	
21	玉东公园	海淀区玉泉山以东	规划总面积88公顷，绿化覆盖率91.2%。公园自然风景优美，富有郊野情趣，能够满足市民游览、观景、休憩、健身等多方面需求。	2008年5月1日，免费向市民开放。

续表八

序号	名称	地址	简介	备注
22	万丰公园	丰台区卢沟桥乡	公园一期建设有健身器材、篮球场、乒乓球台等设施、器械的体育休闲区及适宜晨练、漫步等简单运动的林间漫步区。在植物配置上，种植花卉、树木100余种，郊野气息浓郁。全园集生态景观、健身娱乐、文化休闲等综合功能为一体，为游人提供一个舒适、优美、健康的休闲空间。	北京市城市绿化隔离地区“郊野公园环”建设项目之一。2008年5月，向社会免费开放。
23	海子公园	丰台区花乡新发地村，玉泉营立交桥南2.5公里	公园内有配置健身器械的健身广场及含氧丰富、适宜晨练和漫步的林间广场、林荫广场、路边广场、休憩广场等。为突出郊野公园特色，树木、花卉品种丰富，近百余种。全园集生态景观、健身娱乐、文化休闲等综合功能为一体，为游人提供一个舒适、优美、健康的休闲空间。	北京市城市绿化隔离地区“郊野公园环”建设项目之一。2009年5月，向社会免费开放。
24	高鑫公园	丰台区花乡	公园分为休闲漫步区、健身活动区、草地运动区、服务管理区等，以花卉、花灌木、乔木等植物景观为主要特色，融入适合在自然环境中开展的休闲健身、观赏体验、科普教育等多种功能，配备必要的服务设施，是一个集健身休憩及周末休闲为一体的郊野公园，也是郊游踏青的好去处。	北京市城市绿化隔离地区“郊野公园环”建设项目之一。

续表八

序号	名称	地址	简介	备注
25	御康公园	丰台区花乡六圈村	公园突出生态优先，自然协调，以乡土树种为主，优化林木结构，丰富生物多样性，注重植物的空间配置和季相变化，突出自然景观和生态功能，为游人打造出一个休闲游憩、康体健身、文化娱乐的活动场所。	北京市城市绿化隔离地区“郊野公园环”建设项目之一，2009年5月，向社会免费开放。
26	绿堤公园	丰台区卢沟桥畔	2008年全市郊野公园建设面积较大的公园之一，占地面积105公顷。公园景观按照“三线十五景”布局建设，在永定河左堤形成一条绿色长廊，栽植了乔灌花草近百种，春有花、夏有荫、秋有色、冬有绿，季相变化强烈，郊野气息浓厚。为人们提供一个生态良好的休闲、娱乐、教育、健身活动场所。	、
27	天元公园	丰台区卢沟桥乡	公园分为供游人休闲娱乐的综合休闲区、适宜儿童嬉戏的儿童游乐区、舒适宜人的林下活动区、具有纪念意义的新四军纪念林区及水生植物观赏区等五个景观功能分区。	北京市城市绿化隔离地区“郊野公园环”建设项目之一。2009年5月，向社会免费开放。
28	老山郊野公园	石景山区老山至八宝山地区	公园分为三个功能区和三个建设节点：三个功能区分别为绿色植物观赏区、文化休闲区、绿色运动健身区；三个节点分别为门区广场节点、体育健身节点、观景平台节点。是一个集日常健身休憩及周末休闲活动为一体、融合了现代健康休闲概念和郊野气息的公园。	2009年“五一”前，对市民开放。

续表八

序号	名称	地址	简介	备注
29	旺兴湖公园（一、二期）	大兴区旧宫镇	集文教、休闲娱乐于一体的生活气息浓郁、独具地方特色的综合公园。公园建设节点：入口广场节点、体育公园节点、文化娱乐节点和水景观赏节点，为市民提供了一个日常及周末休闲、游憩、文体娱乐、度假观光的场所。	
30	东小口森林公园（一期）	昌平区	大面积森林植被66.67公顷，植物品种多、景观效果好、活动空间大、郊野气息浓厚，是休闲健身、观光旅游的好去处。	西邻规划中的中轴路北延、东距111国道（立汤路）2公里、北靠城轻轨、南离北五环2.5公里。

资料来源：首都园林绿化政务网 http：//www.bjfb.gov.cn

附表九　北京市农业观光园（市级，31 家）

序号	名称	地址	简介
1	贡梨之乡观光采摘园	密云县不老屯镇黄土坎村	黄土坎鸭梨始栽于明代，至清代被乾隆皇帝钦定为“梨中之王”，选为贡品。2003 年，园区被列入北京市农业标准化生产基地。
2	金地庄园葡萄种植场	密云县密云镇李各庄村	以葡萄种植为主，兼有桃、李、杏等多种高档优新果品的观光采摘园。
3	巨龙庄园	密云县潮河东岸	有热带水果木瓜、番石榴、龙眼、美国大樱桃等水果。
4	香酥园	密云县穆家峪镇庄头峪村	园区内主要采摘果品为红香酥梨。
5	飞鹰绿色农庄	怀柔区杨宋镇凤翔科技开发区	2004 年 5 月，被国家科学技术部批准为国家级火炬计划项目“航天诱变育种”执行单位；12 月，被北京市科学技术委员会批准为高新技术企业。
6	慧生绿色采摘园	怀柔区九渡河镇黄坎村	以采摘和渔业养殖为主，2003 年底，被评为北京市怀柔区农业标准化生产示范基地。
7	琉璃庙镇生态旅游观光园	怀柔区琉璃庙镇	干鲜果品采摘、鲟鱼垂钓，有山村赶集、过新年等民俗活动。
8	中天瀚海农业观光园	怀柔区桥梓镇前辛庄村	通过建设葡萄绿色走廊、彩色植物、畜牧养殖、垂钓区、名特优瓜果蔬菜、花卉展示区、道路、桥涵，形成园林式综合科技园区。
9	里炮红苹果观光度假园	延庆县八达岭镇里炮村	以红苹果为主，集休闲娱乐、观光采摘于一体的综合性度假基地，2003 年，被市科协确立为“农村科普示范基地”，获“北京市农业标准化先进单位”称号。
10	阳光现代林果精品园	延庆县城东北 15 公里处	主要有苹果、梨、杏、葡萄、桃五大系列，100 多个品种。

续表九

序号	名称	地址	简介
11	天翼草莓园	昌平区兴寿镇	园内所产草莓为全国唯一有机认证草莓产品。
12	小汤山现代农业科技示范园	昌平区小汤山后蔺沟	北京市第一个由首都规划委员会批准的农业项目规划与小城镇建设规划相统一的现代农业项目，国家级农业科技示范园区。
13	真顺红苹果乐园	昌平区崔村镇真顺村	生产各种优质苹果及其他果品，内设多种健身娱乐设施及多座农户宅院。
14	安利隆生态农业旅游山庄	顺义区龙湾屯镇山里辛庄石门基地	隶属中国检验认证（集团）有限公司，挂牌三星级度假村。2002年，中国科技技术学会授予山庄"全国农村科普示范基地"，同年，中国农学会授予山庄"全国农业科普示范基地"。
15	三高科技农业试验示范区	顺义区北小营镇	市级科技农业示范区，主要展示农业高科技产品。
16	双河观光采摘果园	顺义区南彩镇	40个水果品种。采摘期从5月至11月，园内建有农家小院。
17	"神农卉康"蜂情园	顺义区三高科技农业示范园西侧	由蜜蜂文化馆、熊蜂工厂化生产车间、蜂自然生态园、药用蜜源植物园、蜂产品加工车间、蜂文化知识宣传、培训室和蜂授粉示范区等7部分组成，是国家外国专家局命名的"农业引智成果示范推广基地"。
18	新特新优质葡萄采摘园	顺义区大孙各庄	由高标准葡萄示范园、高新葡萄苗木园、观光采摘园、十里绿色葡萄长廊等组成。
19	禾阳农庄	通州区西集镇金各庄村	由果园、园林苗木、菜园、儿童乐园，客房、娱乐设施等组成，可以提供收费菜地承租。
20	吉鼎立达采摘园	通州区漷县镇北堤寺村	集进出口花卉生产、观光采摘、休闲、教育、科普培训为一体的综合性农业科技示范基地。

续表九

序号	名称	地址	简介
21	葡香苑园艺场	通州区张家湾镇	北京第一个实行标准化体系管理的农业企业，以生产经营鲜食葡萄为主，被北京市百万市民观光采摘活动组委会确定为定点果园。
22	采育万亩葡萄观光园	大兴区采育镇	北京市标准化示范生产基地，通过了ISO14001环境管理体系、ISO9001质量体系认证，由培训中心、生态餐厅、葡萄展厅、葡萄长廊组成。
23	庞各庄新概念西甜瓜园	大兴区庞各庄镇	是农业部授予的全国唯一“中国西瓜之乡”，每年举办“西瓜节”。
24	东山梨花园	门头沟区军庄镇东山村	清代皇家贡品京白梨的原产地，所产的京白梨曾在市博会上获银奖。
25	灵溪英华园	门头沟区妙峰山镇岭角村	由休闲娱乐区、水生生物区、野炊烧烤区、药材种植区、鸳鸯池风景区、樱桃园、香椿园、核桃园等组成，内有多家农家乐旅游。
26	龙凤岭种植园	门头沟区妙峰山镇担里村	种植园由京白梨园、樱桃园、李子园、枣园等组成，园内设有会议室及多种健身娱乐设施。
27	妙峰樱桃园	门头沟区妙峰山镇北部樱桃沟村	公园化采摘园，北京市樱桃发展基地，种植中外18个优质樱桃品种，园内设有农家乐。
28	孟悟生态园	门头沟区军庄镇孟悟村	有京白梨、马牙枣、苹果、大桃、红杏、核桃等多个果品，并在300亩标准化京白梨果园基础上，建成了集休闲、旅游、采摘、娱乐于一体的观光农业园区。
29	波峰绿岛生态观光园	房山区琉璃河地区李庄村188号	市农委首批“北京市观光农业示范园”，由种植区、养生区、新青年生活区、室外健身区、综合服务区组成。

续表九

序号	名称	地址	简介
30	富恒生态农业观光园	房山区窦店镇交道村	由农业种植区、多功能有机农业体验展示厅、商务会议区、田园风格住宿区、生态垂钓及新技术养殖区、休闲娱乐区、拓展项目区等组成。
31	十渡民俗风情苑	房山区十渡镇内	位于十渡“国家地质公园”内，依山傍水，风景优美。